成都市 人工栽培植物多样性及园林应用

潘欣 / 编 著

U0254879

四川科学技术出版社

·成都·

图书在版编目（CIP）数据

成都市人工栽培植物多样性及园林应用 / 潘欣编著
. —— 成都：四川科学技术出版社，2023.5
ISBN 978-7-5727-0979-1

Ⅰ.①成… Ⅱ.①潘… Ⅲ.①人工植被—植物多样性
—研究—成都 Ⅳ.①Q948.15

中国国家版本馆CIP数据核字(2023)第084540号

CHENGDU SHI RENGONGZAIPEI ZHIWU DUOYANGXING JI YUANLIN YINGYONG

成都市人工栽培植物多样性及园林应用

编著者 潘 欣

出 品 人	程佳月
责任编辑	李 栎
责任校对	方 凯
封面设计	灯 火
责任出版	欧晓春
出版发行	四川科学技术出版社
地　　址	四川省成都市锦江区三色路238号新华之星A座

传真：028-86361756　邮政编码：610023
官方微信公众号：sckjcbs
传真：028-86361756

成品尺寸	210mm×285mm
印　　张	16　字　数320千
印　　刷	成都兴怡包装装潢有限公司
版　　次	2023年5月第1版
印　　次	2023年5月第1次印刷
定　　价	150.00元

ISBN 978-7-5727-0979-1

前　言

　　成都是全面体现新发展理念的"公园城市"首提地。自 2018 年，成都持续深入地开展了公园城市理论探索和建设实践，在 2021 年，成都市发布的"十四五"规划也明确指出，到 2035 年全面建成践行新发展理念的公园城市示范区。人工栽培植物是城市生态系统的重要组分，因其具有经济、观赏和生态等多重价值，在成都"公园城市"建设中发挥着重要功能。

　　本书以四川农业大学、成都理工大学等高等院校的科研人员为项目组开展的成都市生物多样性调查技术服务项目数据为基础，全面系统展示了成都市人工栽培植物多样性及园林应用现状，客观评价生物多样性资源状况，旨在为成都市公园城市建设提供基础植物数据库，对建设美丽宜居公园城市具有重要的现实意义。同时，为从事生物多样性保护和城市园林建设的科研与管理人员，以及开展相关研究和教学的高等院校师生提供参考用书。

　　本书主要分为三大部分。第一部分为总论，主要阐述了人工栽培植物的概念及类型，并对成都市人工栽培植物资源概况及应用现状进行了介绍。第二部分为各论，共列出 400 余种成都市常见人工栽培植物，并将主要栽培种类划分为经济作物、观赏植物和观赏花卉、药用植物及外来植物，描述了每种植物的种名、科属、形态特征、经济用途和园林应用等。第三部分为成都市人工栽培植物造景应用，包括植物与不同景观要素的造景原则、配置形式，如建筑与园林植物造景、道路与园林植物造景、园林山石与植物造景、园林水体与植物造景。

　　本书中树种的中文学名以《中国植物志》及最新修订发表的正确学名为准，裸子植物部分按郑万钧裸子植物分类系统（1978）编排，被子植物按克朗奎斯特分类系统（1981 修订）编排。

　　本书得到成都市公园城市建设管理局项目的支持，摄影主要由四川农业大学刘雨舟老师承担，在此表示衷心的感谢！

　　现该书正式出版，奉献给广大读者，旨在与同行交流及供读者参考。囿于编著者水平及时间有限，难免有疏漏和不足之处，恳请指正。

编著者
2023 年 2 月

目　录

—— **第三篇　成都市人工栽培植物造景应用** ——

第一篇 总 论

第一章

人工栽培植物的概念及类型

第一节　人工栽培植物的概念

栽培植物作为人类农业发展的基础和前提，它们的开发和利用在从古至今的人类生活中起着重要的作用。李璠（1984）认为，栽培植物都是在自然选择的基础上，进行人工选择的结果，也就是通过有目的地采集和定向培育的结果[①]。刘旭等认为对人类有价值并为人类有目的地种植栽培并收获利用的植物叫作栽培植物。他们认为其广义概念指粮食、经济、园艺、牧草、绿肥、林木、药材、花草等一切人类栽培的植物[②]。唐湘如把作物等同于栽培植物，将凡是对人类有应用价值、为人类所栽培的各种植物都称为栽培植物，是劳动人民经过长期选择、驯化、栽培，由野生植物演化形成的有经济价值的植物[③]。胡立勇认为栽培植物即由野生植物经过人类不断地选择、驯化、利用、演化而来，具有经济价值的被人们所栽培的一切植物，目前大致可分为农作物、园艺作物、林木三类[④]。大部分学者认为作物即栽培植物，主要包括两个要点，一是对人类有价值，二是由人工培育的植物。人工栽培植物是指野生植物经过人类驯化、人工栽培，成为对人类有利用价值的植物[⑤]。

第二节　人工栽培植物的类型

人工栽培植物可分为园林花卉、经济作物、经济林木、药用植物和外来植物五大类。

园林花卉：狭义上，花卉是指具有观赏价值的草本植物。广义上，花卉是指一切具有观赏价值的植物，包括草本植物和木本植物。目前我们说的花卉一般是指广义花卉。本书将成都市园林花卉植物细分为观叶植物、观花植物、观果植物、飘香植物、观赏水生植物五大类；其中常用的植物有银杏（成都市市树）、栾树、鸡爪槭、紫叶李、金叶女贞、蓝花楹、合欢、木

---

① 李璠.中国栽培植物发展史[M].北京：科学出版社，1984.

② 刘旭，郑殿升，董玉琛，等.中国农作物及其野生近缘植物多样性研究进展[J].植物遗传资源学报，2008，9(4)：411-416，408.

③ 唐湘如.作物栽培学[M].广州：广东高等教育出版社，2014.

④ 胡立勇.特种作物栽培学[M].武汉：湖北科学技术出版社，2009.

⑤ 李光晨，范双喜.园艺植物栽培学[M].北京：中国农业大学出版社，2001.

芙蓉（成都市市花）、紫薇、石榴、桃、枫杨、火棘、香樟、木槿、蜡梅、栀子、荷花、梭鱼草、黑藻等[1]。

经济作物是相对粮食作物而言的，一般是指对自然条件的选择较严、种植技术要求复杂、产品的经济价值较高、主要用作工业原料的作物，又称技术作物或工业原料作物。经济作物的种类很多，主要包括棉花、油料、麻类、桑/柞丝、茶叶、糖料、蔬菜、烟叶、果品、药材等[2]。成都市代表性的经济作物主要有大蒜、辣椒、莴笋等，其中温江大蒜、彭州大蒜、双流二荆条辣椒，是四川省特产，中国国家地理标志产品；彭州莴笋，是彭州市特产，国家农产品地理标志。

经济林木是以生产各种木材、花果、药材、香料等经济产品为主的林木，是我国国民经济收入的重要组成部分[3]。成都市人工栽培的主要经济果树有桃、柑橘、枇杷、李子、杏、猕猴桃、葡萄、草莓等；其中龙泉水蜜桃素有天下第一桃之称，是龙泉驿区特产，大邑金蜜李是大邑县特产，福洪杏是青白江区特产，安仁葡萄是大邑县特产，双流冬草莓是双流区特产，与此同时，双流枇杷、龙泉驿枇杷、蒲江猕猴桃、都江堰猕猴桃等都被列为中国国家地理标志产品。

药用植物是指根、茎、叶、花、果实等含有特殊成分而可供人类使用的，具备治疗疾病、强身保健等相关医疗作用的植物。我国是世界上药用植物种类最多、应用历史悠久的国家之一，现有药用植物383科，11 146种。本书将成都市药用植物细分为观赏药用植物和其他药用植物两大类，其中具代表性的主要有银杏、喜树、杜仲、蜡梅、川黄檗、南天竹、紫藤、凌霄、萱草、石竹、南方红豆杉、火棘、贴梗木瓜、十大功劳等[4~5]。

目前对于外来植物概念没有明确，它包含了生物入侵和植物引种两层含义，可将其解释为：

1. 生物入侵

世界自然保护联盟对外来入侵种的定义是"已建立并传播威胁到生态系统、生活环境或具有经济、环境危害的外来种"。现在，国内学者对生物入侵的定义是外来物种偶然进入某一适宜其生存和繁殖的地区，其种群数量剧增，并向四处蔓延的过程[6]。

2. 植物引种

植物引种是指通过人为方式将一个品种、亚种或更低级的分类单位向其原产地以外的地区转移的过程。这种地理空间的转移既可以发生于一个国家之内，也可以是不同国家之间[7]。外来植物是相对于本地植物（乡土植物）而言的，指的是在一定区域内历史上没有自然发生分布而被人类活动直接或间接引入的物种、亚种或低级分类群，包括这些物种能生存和繁殖的繁殖体、配子或其他部分。

成都市主要的外来植物有桉树、龙牙花、麻竹、叶子花、一串红、二球悬铃木、川泡桐、木榄榄、罗汉松、海桐、红枫等；成都市的入侵植物主要有空心莲子草、葛、刺槐、银合欢、蓖麻、凤仙花、凤眼莲、银桦等。

① 刘燕. 园林花卉学 [M].2 版. 北京：中国林业出版社，2009.
② 朱振亚，罗水香. 我国经济作物产出的宏观形势分析：1983—2014[J]. 农业经济，2017，1：44-46.
③ 陈文汉. 我国经济林木种植存在的问题及对策 [J]. 江西农业，2018，2：95.
④ 姚文淑. 药用植物学 [M].3 版. 北京：人民卫生出版社，1997：9-12.
⑤ 祝峥. 药用植物学 [M].2 版. 上海：上海科学技术出版社，2017：1.
⑥ 日晨，张颢，陈晓. 论生物入侵与园林植物引种 [J]. 中国园林，2003，3：32-35.
⑦ 何山. 外来植物引进的风险评估体系研究：以安徽省加拿大一枝黄花为例 [D]. 南京：南京农业大学，2012.

第二章

成都市入工栽培植物调查

第一节　成都市概况

一、自然地理概况

成都市是四川省省会城市，历史文化名城，西南地区的金融、商贸、科技文化中心和交通、通信枢纽，中国西部重要的旅游中心城市[1]。成都市地处四川盆地西部、青藏高原东缘，东北与德阳市、东南与资阳市毗邻，南面与眉山市相连，西南与雅安市、西北与阿坝藏族羌族自治州接壤[2]；地理位置介于东经102°54′~104°53′、北纬30°05′~31°26′。根据《成都市统计年鉴（2019）》统计数据，截至2018年，成都市总面积为14 335 km²，占四川省总面积的2.95%；市区（11+2口径）面积为3 639.81 km²，其中市辖区建成区面积931.58 km²。截至2020年，成都市辖锦江、青羊、金牛、武侯、成华、龙泉驿、青白江、新都、温江、双流、郫都、新津12个区，简阳、都江堰、彭州、邛崃、崇州5个县级市，金堂、大邑、蒲江3个县，以及成都市国家级自主创新示范区成都高新技术产业开发区、国家级经济技术开发区成都经济技术开发区、国家级新区四川天府新区成都直管区，和2020年4月28日四川省人民政府同意设立的成都东部新区。成都市目前的行政区划是20个县级区（县、市）。

成都市地貌类型多样，主要地形地貌为平原、丘陵和山地三大类，地势由西北向东南倾斜，呈现出西高东低现象；成都市水域属长江水系岷江及沱江流域，流经本市的河系有岷江、沱江两大水系12条干流及几十条支流，加上其他星罗棋布的水利工程、湖、塘、渠；河流纵横，沟渠交错，河网密布；成都市地处亚热带季风气候区，热量充足，雨量丰富，四季分明，雨热同期[3]。除西北边缘部分山地以外，成都市大部分地区表现出的气候特点是：夏无酷暑，冬少冰雪，气候温和，夏长冬短，无霜期长，秋雨和夜雨较多，风速小，湿度大，云雾多，日照少，具有春早、夏热、秋凉、冬暖的气候特点。

二、植被概况

成都区域气候相适应的地带性植被，主要是亚热带常绿阔叶林、落叶阔叶林、暖性针叶林、竹林、灌木林（丛）和稀树草丛等6种植被类型，最具有代表性的地带性植被是亚热带常

---

[1] 施维德. 成都市区园林植物的选择 [J]. 成都建筑，1998，18(3)：3.
[2] 柴利全. 成都城市自然地理空间解析 [J]. 建筑与文化，2014，2：123-124.
[3] 王翠娟. 成都市中心城区绿地系统生态服务功能价值评估研究 [D]. 成都：四川农业大学，2008.

绿阔叶林。成都市域内最高峰海拔 5 364 m，最低点 359 m，相对高差达 5 005 m，海拔垂直落差大，气候差异显著，因此植被分布受水热等条件的影响呈现规律性的变化，出现水平地带性特征和垂直分布特性。成都市有着丰富的植被，在区域范围内植物资源种类繁多，人工栽培植物资源丰富。[数据来源：《成都市统计年鉴（2019）》]

第二节　项目背景

成都市是公园城市的"首提地"和"示范区"。成都市以共建美丽宜居的公园城市为奋斗目标，基于公园城市的建设，对人工栽培植物的需求会逐渐增加。这是因为，人工栽培植物在植物多样性的基因数量和品质特征中起着十分重要的作用，其不仅能丰富植物的多样性，还具有重要的经济价值和生态价值。如作为经济作物的蔬菜瓜果等，既能增加农民收入，也能丰富植物多样性，是生态基因库丰富特征的重要表现之一；园林花卉植物的多样性表现能够提升城市绿地植物景观的丰富程度和生态效益；而种植药用植物是对天然药用植物资源的品种保护，也是扩大再生产的主要方式；竹类植物的人工种植具有重要经济价值、观赏价值和生态价值，是天然品种保存、基因丰富、生态利用以及扩大再生产的重要途径。

该调查项目于 2020 年完成，是以创建生态园林城市考核内容为目标，全面完成生态环境类型中人工栽培或引种植物（包括经济作物、园林花卉、经济果树、药用植物、竹类等）多样性调查及保护，摸清外来物种的本底分布情况，为生态园林城市创建提供数据支撑。该调查项目重点对成都市各类公园广场、街区、道路、农田、风景名胜区以及主要河流湖库等区域的人工栽培或引种植物，进行物种多样性及外来物种的调查，完成城市园林绿化木本植被指数调查。从而汇总形成成都市人工栽培或引种植物的物种资源及外来物种调查报告，制定成都市植物多样性保护规划和实施方案，开展连续的植物多样性监测和评价，为植物资源的合理利用、物种基因的特征丰富及公园城市的完美建设提供数据支撑。

本书基于对成都市人工栽培植物的调查，是以探明全市人工栽培植物种类、数量及分布状况，为创建生态园林城市、积极构建生物多样性保护网络、助推生物资源的开发利用提供基础数据为目的。同时，开展人工栽培植物资源调查，对保护成都市人工栽培植物资源、客观评价成都市生物多样性资源状况、展示成都市良好生态背景资源、提升市民认同感和幸福感具有重要意义，进而对于建设美丽宜居公园城市具有不可替代的现实意义。

第三节　调查内容及方法

一、调查内容

调查成都市范围内人工栽培植物资源，含经济作物、园林花卉、外来入侵植物、经济果树、药用植物等。

（1）完成全市范围内经济作物种类、数量、栽培利用、种质资源收集保存情况、潜在价值等调查。

（2）完成全市范围内园林花卉类植物种类、数量、分布、来源、利用现状等调查。

（3）完成全市范围内外来入侵植物种类、分布、危害程度等调查，分析入侵扩散趋势。

（4）完成全市范围内竹类资源情况调查，调查其种类、数量及分布情况，分析保护和利用现状。

（5）完成全市经济果树、药用植物的资源调查，调查其种类、数量及分布状况，分析其保护、利用价值。

（6）全面收集成都市人工栽培植物资源历史文献和标本资料，汇总和整理成都市人工栽培植物资源调查成果。

调查区域为成都市管辖的 20 个行政区域，含 12 个区、5 个县级市、3 个县［另有 4 个成都市行政区域范围内实行计划单列，享有托管区域的社会经济事务管理权限的区域（高新区、天府新区成都直管区、成都东部新区）］。

二、调查方法

根据《全国植物物种资源调查技术规定（试行）》（2010）、《县域陆生高等植物多样性调查与评估技术规定》（2017）、《县域植被多样性调查与评估技术规定》（2017）、《生物多样性观测技术导则　陆生维管植物》（2014）等相关政策要求，在被抽取的网格区域，采取样线法和样方法相结合，在样线上尽量选择样方调查，不具备样方调查条件时采用样点法调查。

根据实际情况，本次调查将会采用样线法结合样方（点）的方法对区域内人工栽培植物进行调查，同时保证调查样线要穿越调查区域 440 个 4 km² （2 km × 2 km）的网格，并根据生境情况布设，计划样线分布图见图 2-1。

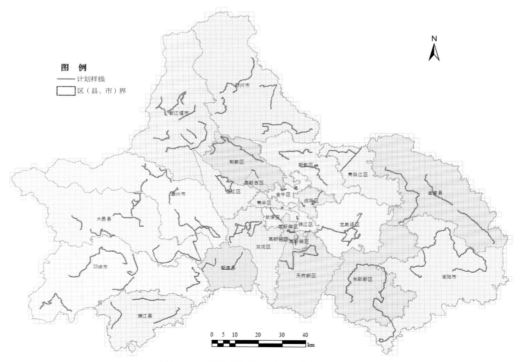

图 2-1　计划样线分布示意图（2019）

成都市人工栽培植物
多样性及园林应用

根据每个行政区域抽取网格数量，以及生境情况布设外业调查样线，进行外业调查。在调查区内设置若干条不同方向的、贯穿不同生境的样线，样线设置采取典型抽样法。本次调查拟选择在植物花期、果期间（4~10月）进行，调查时4人一组（含专家1人）沿样线观察前进，填写《生物多样性（人工）样方生境表》，以及《生物多样性（人工）样方（点）植物记录表》，记录每一种植物的名称、丰富度、分布海拔和生境等信息，并拍摄带繁殖器官（花、果）的植物图片，采集每种不认识的、带繁殖器官的植物标本，并记录植物的主要形态特征及采集地的经纬度、海拔、坡度、坡向和坡位等生境信息。

根据成都市行政区划以及植物栽培和应用特征，划分为三个区域进行统计分析（如图2-2）。第一个区域包括5个区：锦江区、青羊区、金牛区、武侯区、成华区。第二个区域包括8个区：龙泉驿区、青白江区、新都区、温江区、双流区、郫都区、高新区、天府新区成都直管区。第三个区域包括9个县（市）：简阳市、都江堰市、彭州市、邛崃市、崇州市、金堂县、大邑县、蒲江县、新津县（划分调查区域时新津未设区）。

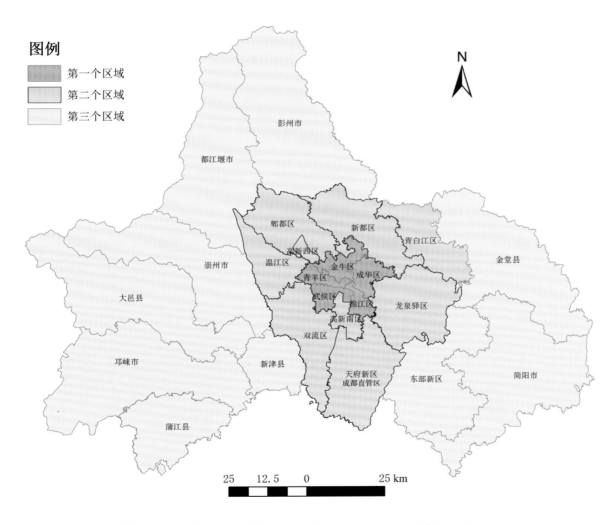

图 2-2　成都市三个区域中各区（县、市）分布位置示意图（2019）

第三章

成都市人工栽培植物资源

第一节 资源概述

根据实地调查结果及历史调查资料统计，成都市常见人工栽培植物种类组成如表 3-1 所示：共有维管束植物 193 科 1 009 属 2 425 种。其中蕨类植物 21 科 27 属 42 种，裸子植物 10 科 37 属 149 种，被子植物 162 科 945 属 2 234 种。

表 3-1　成都市常见人工栽培植物种类组成

类群	科/属/种	总数
蕨类植物	科	21
	属	27
	种	42
裸子植物	科	10
	属	37
	种	149
被子植物	科	162
	属	945
	种	2 234

成都市人工栽培植物的应用较为丰富，按照每科所含种数的绝对数量排序，种数相等时则按属数排序，种数和属数都相等时则按分类系统里科名先后排序。通过排序统计分析，形成比较完整的植物名录，记录了成都市植物区系的组成，可以揭示植物区系组成中的优势科[①]。成都市人工栽培植物科排序结果（表 3-2）显示，木樨科、桑科、景天科、唇形科、山茶科、柏科、百合科、大戟科、忍冬科、仙人掌科、松科、木兰科、豆科、樟科、菊科、蔷薇科、禾本科为成都市人工栽培植物的优势科，共包含了 378 属 1 130 种，占成都市蕨类与种子植物总属数和总种数的 37.5% 和 46.6%。含 50 种以上的特大科为忍冬科、仙人掌科、松

① 何飞.川西植物区系地理研究与优先保护区域分析 [D].北京：北京林业大学，2009.

科、木兰科、豆科、樟科、菊科、蔷薇科和禾本科，所含属数分别占成都市人工栽培植物总属数的0.6%、2.6%、1.0%、1.0%、4.8%、1.3%、6.1%、3.2%和6.3%，种数分别占成都市人工栽培植物总种数的2.2%、2.4%、2.4%、2.6%、3.5%、3.5%、4.0%、5.0%和7.6%。含1~5种的科有108个，占成都市植物总科数的56.0%，包含171属271种，仅占成都市人工栽培植物总属数和总种数的16.9%和11.2%，这种区系数量构成中"科多种少"的特点反映了成都市人工栽培植物组成的复杂性以及相对古老和保守的性质。

表3-2　成都市人工栽培植物科排序表

种数 （科数）	科名（属数，种数）
1种 （36科）	银杏科、连香树科、领春木科、杜仲科、杨梅科、柽柳科、番木瓜科、檀香科、钟萼木科、橄榄科、马桑科、五列木科、茶茱萸科、亚麻科、蒺藜科、三白草科、金鱼藻科、小二仙草科、旱金莲科、浮萍科、灯心草科、刺戟木科、天门冬科、阴地蕨科、观音座莲科、海金沙科、蚌壳蕨科、碗蕨科、铁线蕨科、水蕨科、乌毛蕨科、肾蕨科、骨碎补科、雨蕨科、槐叶苹科、大血藤科
2~5种 （72科）	木麻黄科（1，2）、七叶树科（1，2）、麻黄科（1，2）、旌节花科（1，2）、商陆科（1，2）、菱科（1，2）、香蒲科（1，2）、杪椤科（1，2）、铁角蕨科（1，2）、木棉科（2，2）、山榄科（2，2）、苦木科（2，2）、蓝雪科（2，2）、马钱科（2，2）、苦苣苔科（2，2）、马兜铃科（2，2）、落葵科（2，2）、水鳖科（2，2）、凤梨科（2，2）、雨久花科（2，2）、西番莲科（2，2）、南洋杉科（1，3）、清风藤科（1，3）、悬铃木科（1，3）、交让木科（1，3）、石榴科（1，3）、八角枫科（1，3）、醉鱼草科（1，3）、堇菜科（1，3）、卷柏科（1，3）、凤尾蕨科（1，3）、五味子科（2，3）、白花菜科（2，3）、山龙眼科（2，3）、金粟兰科（2，3）、木通科（2，3）、紫茉莉科（2，3）、马齿苋科（2，3）、瑞香科（2，3）、泽泻科（2，3）、紫萁科（2，3）、金星蕨科（2，3）、鳞毛蕨科（2，3）、使君子科（3，3）、藜科（3，3）、竹芋科（3，3）、三尖杉科（1，4）、芍药科（1，4）、牻牛儿苗科（1，4）、车前科（1，4）、美人蕉科（1，4）、木贼科（1，4）、野牡丹科（2，4）、仙茅科（2，4）、蓝果树科（3，4）、防己科（3，4）、番杏科（3，4）、萝藦科（3，4）、八角科（1，5）、海桐花科（1，5）、凤仙花科（1，5）、薯蓣科（1，5）、胡椒科（2，5）、藤黄科（2，5）、远志科（2，5）、酢浆草科（2，5）、梧桐科（4，5）、省沽油科（4，5）、罂粟科（4，5）、桔梗科（4，5）、芭蕉科（4，5）、大风子科（5，5）
6~10种 （24科）	山矾科（1，6）、蜡梅科（2，6）、胡颓子科（2，6）、椴树科（3，6）、紫草科（6，6）、苏铁科（1，7）、黄杨科（2，7）、罗汉松科（3，7）、睡莲科（3，7）、水龙骨科（4，7）、楝科（5，7）、柳叶菜科（5，7）、柿树科（1，8）、秋海棠科（1，8）、猕猴桃科（1，8）、鸭跖草科（4，8）、杜英科（2，9）、紫金牛科（3，9）、石竹科（7，9）、报春花科（4，10）、桦木科（5，10）、莎草科（5，10）、胡桃科（6，10）、无患子科（7，10）
11~20种 （27科）	野茉莉科（6，11）、杉科（7，11）、旋花科（9，11）、红豆杉科（4，12）、千屈菜科（5，12）、榆科（4，13）、紫葳科（10，13）、山茱萸科（3，14）、鼠李科（8，14）、卫矛科（1，15）、杨柳科（2，15）、漆树科（6，15）、苋科（9，15）、兰科（10，15）、杜鹃花科（5，16）、荨麻科（9，16）、葡萄科（7，17）、夹竹桃科（11，17）、石蒜科（11，17）、伞形科（14，17）、鸢尾科（7，18）、玄参科（11，18）、冬青科（1，19）、毛茛科（8，19）、十字花科（11，20）、金缕梅科（12，20）、葫芦科（14，20）

种数（科数）	科名（属数，种数）
21~30种（17科）	蓼科（8，21）、茄科（11，21）、爵床科（14，21）、小檗科（4，22）、五加科（15，22）、虎耳草科（8，23）、芸香科（5，24）、锦葵科（11，24）、茜草科（18，24）、壳斗科（6，25）、桃金娘科（10，25）、马鞭草科（11，26）、天南星科（17，26）、棕榈科（18，26）、槭树科（1，28）、龙舌兰科（6，29）、姜科（9，29）
>30种（17科）	木樨科（10，33）、桑科（6，34）、景天科（8，34）、唇形科（23，38）、山茶科（9，41）、柏科（8，43）、百合科（25，49）、大戟科（18，50）、忍冬科（6，53）、仙人掌科（26，58）、松科（10，59）、木兰科（10，64）、豆科（48，84）、樟科（13，86）、菊科（62，98）、蔷薇科（32，121）、禾本科（64，185）

成都市人工栽培植物的种植物属排序结果显示，含10种以上的多种属有26属，即桉属（11）、木槿属（11）、木莲属（11）、小檗属（11）、杨属（11）、杜鹃属（12）、柑橘属（12）、乳突球属（12）、樱属（12）、鸢尾属（12）、蔷薇属（14）、卫矛属（15）、樟属（15）、刺柏属（16）、牡竹属（17）、大戟属（19）、冬青属（19）、榕属（22）、刚竹属（26）、山茶属（26）、松属（27）、槭属（28）、含笑属（29）、荚蒾属（34）、润楠属（36）、箬竹属（39），包含497种，占成都市种子植物总种数的20.5%，是成都市人工栽培植物的优势属。含6~10种的中等属有报春花属（6）、黄杨属（6）、姜花属（6）、景天属（6）、决明属（6）、梨属（6）、木樨属（6）、泡桐属（6）、强刺球属（6）、忍冬属（6）、山矾属（6）、石莲花属（6）、鼠李属（6）、溲疏属（6）、素馨属（6）、桃属（6）、铁线莲属（6）、新木姜子属（6）、枸子属（6）、羊蹄甲属（6）、野桐属（6）、榆属（6）、紫金牛属（6）、紫菀属（6）、紫薇属（6）、杜英属（7）、伽蓝菜属（7）、花椒属（7）、青锁龙属（7）、石楠属（7）、苏铁属（7）、柏木属（8）、柯属（8）、猕猴桃属（8）、楠属（8）、女贞属（8）、苹果属（8）、茄属（8）、秋海棠属（8）、山胡椒属（8）、山茱萸属（8）、十大功劳属（8）、柿属（8）、绣球属（8）、云杉属（8）、冷杉属（9）、龙血树属（9）、鼠尾草属（9）、玉兰属（9）、扁柏属（10）、蓼属（10）、龙舌兰属（10）、山姜属（10）、绣线菊属（10）、悬钩子属（10）、芸薹属（10），包含410种，占成都市人工栽培植物总种数的16.9%。含2~5种的寡种属有331属，占成都市人工栽培植物总属数的32.8%，共包含922种，占成都市人工栽培植物总种数的38.0%。仅含1种的单种属有596属，占成都市人工栽培植物总属数的59.1%，共包含596种，占成都市人工栽培植物总种数的24.6%（见表3-3）。由此可知，保护区内单种属和寡种属居多。

表3-3　成都市人工栽培种植物属占比情况表

类型(种数)	属数	占总属数的比例 / %	含有的种数	占总种数的比例 / %
单种属（1）	596	59.1	596	24.6
寡种属（2~5）	331	32.8	922	38.0

续表

类型(种数)	属数	占总属数的比例 / %	含有的种数	占总种数的比例 / %
中等属（6~10）	56	5.6	410	16.9
多种属（>10）	26	2.6	497	20.5

第二节　成都市人工栽培植物数量与分布

　　根据外出实地考察数据统计成都市三个区域的植物物种构成，从主城区向四周扩展到近郊、远郊的人工栽培植物物种的种类有所减少，三个区域的植物物种数量存在递减的趋势，中心城区的竹类种数是三个区域中最多的，望江楼公园是竹类栽培的集中体现。乔木、灌木、草本植物种数也较多，尤其是一些物种的变种、栽培品种居多。

　　出现这种现象的原因是第一个区域是成都市的老城区，建设开发早、发展程度高、经济水平高，城市规划较为完善，主要是绿地景观建设中大量应用多种人工栽培植物，并且培育了很多新的栽培品种；再者，在科普教育推广和收集珍藏等方面，对人工栽培植物追求种类丰富、名贵珍稀和景观优良，从而扩大了物种基因的丰富度，形成了诸如凤凰山植物园、望江楼公园等集教育性、科普性和景观特色为一体的主题公园；另外，第二个区域地处大力发展城市公园的实践区，已建、新建和待建绿地景观很多，仅双流区就计划新建综合公园 26 个（含天府新区成都直管区），居成都市各区之首，是全面打造"公园城市"这一理念的重点区域，为人居提供优良舒适的生活环境空间，形成"花园在城中，出门即花园"的优美生态环境。由此，对人工栽培植物有很大的需求，在种类选择上追求丰富多彩，数量要求较多。而第三个区域的区（县、市）以自然景观为主，对人工栽培植物的需求在逐年增加，城镇和公园绿地景观建设多选择园林绿化常用的乔木、灌木、竹类和草本植物打造绿地、景观和行道树。成都市各环线植被覆盖统计情况见表 3-4。

表 3-4　成都市各环线植被覆盖统计情况

成都环线	2002年6月25日		2018年6月5日	
	植被覆盖面积 / km²	植被覆盖度 / %	植被覆盖面积 / km²	植被覆盖度 / %
一环	0.768	2.714	4.656	16.456
二环	2.013	3.347	11.965	19.895
三环	35.886	18.627	53.853	27.953
第一绕城高速	244.700	45.253	204.612	37.839

第四章

成都市人工栽培植物应用现状及评价

第一节　成都市人工栽培植物的物种特征

本次调查成都市人工栽培植物主要有 193 科 1 009 属 2 425 种，其中园林花卉有 1 957 种，经济作物有 162 种，药用植物有 163 种，经济果树有 30 种，竹类有 123 种，外来植物有 177 种（说明：分类统计存在重叠区）。通过统计发现，蔷薇科、木兰科、樟科、忍冬科、木樨科、槭树科、大戟科、菊科、豆科这几种科属下的植物应用范围较广，且使用频率较多，表 4-1 为基于种数统计排名前十的科及其所占数量。

表 4-1　基于种数的科构成表

	蔷薇科	木兰科	樟科	忍冬科	木樨科	槭树科	大戟科	菊科	豆科
乔木	51	62	82	0	13	26	21	0	41
灌木	61	2	4	49	20	2	13	6	14
藤本植物	1	0	0	0	0	0	0	0	9
草本植物	8	0	0	4	0	0	16	92	20

从植物搭配层次上看，乔木层丰富度最高，优势明显，共有 85 科 161 属 828 种；灌木树种 86 科 140 属 504 种，其中彩叶植物较多，色彩四季搭配丰富；草本植物 85 科 328 属 838 种，多为多年生开花植物；藤本植物有 28 科 46 属 90 种；竹类植物的丰富度较高，有 8 属 123 种。

第二节　成都市人工栽培植物的独特性和多样性

一、独特性

（一）苗圃与花圃

成都市花木种植历史悠久，种质资源丰富，主要集中于温江区和郫都区，都江堰市的平原乡镇几乎遍布苗圃和花圃；崇州、大邑、彭州、金堂、邛崃多苗圃，少花圃。其中温江区多苗木，形成了以樱花、紫薇、银杏、罗汉松、桂花、梅花、香樟、玉兰、天竺葵、海棠为代表的供城市园林、道路绿化使用的十大苗木优势品种。郫都区多草本花卉，以花卉园林苗圃为主体，用"岛式"林盘镶嵌其中，构建了乡村生态旅游的田园景观。在 2019 年，温江区获批省级花卉产业园区。

（二）代表性公园

通过实地调查和文献查阅相结合的方法，选择了四个在植物配置上具有代表性的城市公园：棠湖公园、望江楼公园、成都植物园、崇州桤木河湿地公园。

1. 棠湖公园

棠湖公园以特色植物 6 种海棠著称，包括两大类，其中苹果属海棠有垂丝海棠、西府海棠、北美海棠；木瓜属海棠有贴梗海棠、日本木瓜、木瓜海棠。园中海棠的种植方式多种多样，列植或丛植于园路两侧，形成廊状景观，或沿河道散植，或丛植于某些点和面，形成不同的景观效应[①]。

2. 望江楼公园

望江楼公园是全国有名的竹文化公园，构成了独特的园林植物竹景观。园区内竹类品种繁多，共有 30 属 400 多种竹类。在竹类造景上基本按照一个小区分类种植，以散植、丛植和片植为主。望江楼公园作为我国十大赏竹地之一，有别于其他专题公园。

3. 成都植物园

成都植物园是一座集科研科普、旅游休闲服务于一体的综合性植物园。园区内现保存植物 2 000 余种，其中有国家一级至三级保护植物银杉、珙桐、金钱松等 130 多种，是植物资源的集中培育地，是珍稀植物的引种保护区。园区以大类专题划分小区，科普展示四川地区丰富且特有的植物资源。

4. 崇州桤木河湿地公园

该公园是一个开放式的湿地公园，桤木河从园区穿过，置景配置以乔木树种为主题，灌木和草本植物点缀而成区域小景。最突出的特点植物种类丰富，主要有红千层、海棠、柚树、慈竹、毛竹、桂花、枫杨、构树、水杉、水麻、金丝梅、扁竹叶、曼陀罗、棕树、香樟、垂柳、枫香树、珊瑚树、石榴、枇杷、含笑、杏和刺棕等。

（三）植物在道路绿化中的独特应用

道路绿化是城市绿地的重要组成部分，为了提高道路绿化的观赏性，增强道路观赏的独特性，在植物配置上采用了独特的引种植物作为行道树，提高了街道的观赏性，形成了一道亮丽的风景线。

棕榈科植物是重要的园林植物资源，近几年，大量棕榈科刺葵属植物相继被引入成都地区，实地调查发现刺葵属植物多用来孤植点缀在街旁绿地绿化来使用。而位于青白江区的凤凰街，在道路两旁创新地运用刺葵作为行道树，体现了热带植物在造景上的独特应用。

蓝花楹作为外来植物常用来作为行道树观花树种。实地调查发现，成都武侯区的武晋路

---

① 余卓璠，周优文，周建华. 成都市棠湖公园植物种类调查与研究 [J]. 林业调查规划，2018，43(3)：75-79.

拥有成都最大的、最长的蓝花楹花道，拥有蓝花楹 584 株，造就了成都新的网红打卡"圣地"。在龙泉驿区的阳光大道上，有一条小琴丝竹组成的景观绿墙，将丛生的小琴丝竹运用列植的方式应用在阳光大道的街旁绿化上，提高了街旁绿化的观赏性，展现了小琴丝竹在绿化中的独特应用。

二、生物多样性

（一）人工物种多样性

根据成都市人工栽培植物抽样调查结果，成都市共有人工栽培植物 193 科 1 009 属 2 425 种。其中常绿阔叶以桂花、榕树、香樟、广玉兰等为主，落叶阔叶以樱花、黄葛树、栾树、黄连木、朴树等为主；裸子植物以雪松、银杏、水杉等为主；灌木以杜鹃、红花檵木、山茶等为主；竹类以慈竹、毛竹、刺黑竹、小琴丝竹等为主。

（二）植物配置多样性

不同植物的生物学特性差异很大，也具有不同的观赏特性。成都市人工栽培植物中常用植物的观赏特性、季相特征和配置方式如下：

1. 观赏特性

成都市人工栽培植物的观花树种主要有紫薇、乐昌含笑、玉兰、广玉兰、山玉兰、海棠、木芙蓉、日本晚樱、蓝花楹、桂花、栀子花、蔷薇、山茶等；观叶植物常用的主要有银杏、二球悬铃木、鸡爪槭（含红枫）、小叶榕、香樟、雪松等；观果常用类植物主要有火棘、贴梗海棠、木瓜海棠、红叶李等；禾本科的竹亚科植物必不可少，街区道路绿化和绿地景观建设中使用的小琴丝竹、凤尾竹、白夹竹等，所营造的景观和氛围是其他植物不可替代的。

2. 季相特征

植物的季相特征就是随着四季的变化，一些植物的局部或整体发生了物候现象的反应性变化。观花植物在不同季节的变化特点，构成了花开四季的景观效应，就观叶的季相植物来说，可以分为变色叶和常色叶。

3. 配置方式

这些多样化的植物配置所组成的季相变化，使得成都市内季相景观层次丰富，一年四季有景可赏。

通过对成都市人工栽培植物群落结构的调查，在陆生环境中常用乔木—灌木—草本的复层（垂直）空间结构，从生态角度和景观效应来说，这是最优配置，其次是乔木—灌木和乔木—草本结合方式；水生植物采用最多的是挺水—浮水—沉水形式。

（1）乔木—灌木—草本

常见的成都市人工栽培景观配置结构，使用植物种类较多，层次更丰富。乔木层以常绿阔叶、落叶阔叶树或针叶树为主，或相互搭配；灌木层主要起过渡衔接的作用，常选择观赏性较强、耐阴的小乔木和灌木植物种类；草本植物常用鲜亮的色彩来增加群落整体亮度，使其具有更高的观赏价值。

（2）乔木—草本

此类结构通常是乔木和草坪相互搭配的方式，也可叫作疏林草地式。特点是乔木层密度较低，下层以铺植草皮为主。该模式根据乔木种类在生活习性上的不同，表现出的季相景观也具有差别。

（3）挺水—浮水—沉水

该结构在成都市公园内运用较多，景观质量较好，分为两种情况，其一为选择挺水植物2~3种，不同花色及植株高低搭配种植在水缘处，形成变换曲折、错落有致的河岸景观；其二为成片种植单一种类的挺水植物，形成简洁明快的优美风景，常用于水面宽阔处；其三，人工水面宽阔，水源更新容易，也可考虑种植挺水—浮水—沉水三种植物的配置，可能会得到良好的景观及生态效果。

（三）植物景观多样性

植物景观多样性的实现，需要植物与周边环境相融合。在设计时，以植物为主体通过树形、色彩、线条、质地、空间结构及比例的差异性，并充分考虑环境背景，同时赋予其一定的文化内涵，从而营造出多样化的植物景观。

1. 规则式植物景观

规则式的植物景观设计主要在于表达人为控制下的几何图案给人一种在视觉上的整体美感。多采用几何形体划分区域，其中植物配置多采用对称式，植物中株、行距明显对称与均齐，花木整形修剪成规则图案，讲究整齐、端直与美观[1]。

2. 自然式植物景观

自然式植物景观是一种全景式仿真自然或浓缩自然的构景方式，在植物配置上崇尚自然之美，讲究天人合一、植物与景的自然融合。

3. 人文式植物景观

成都市人工栽培植物构成的人文式植物景观一般重点体现巴蜀文化。多数蕴涵人文意境的植物景观是名人故居或历史文化景区、景点，让世人游赏纪念的，如杜甫草堂、浣花溪公园等。

4. 植物特殊造景

根据调查发现，这类特殊的植物景观较少，往往在一些特殊主题表达时加以应用。如黄龙溪欢乐田园的热带植物景观，包括了热带植物和沙漠植物；白鹭湾生态公园的池杉应用，通过列植的方式种在湖水中的池杉，形成了一小片"水上森林"。

5. 垂直绿化

传统的垂直绿化在植物选择上，主要是藤本植物中的攀缘和缠绕类型，如紫藤、油麻藤、七里香、爬山虎、地锦等。新型的垂直绿化在这里主要指的是框架式、种植槽式或模块式立体绿化墙，是将一些草本或藤本植物通过悬垂和立体种植在含有种植土的框架和种植槽内，利用滴灌技术进行栽培和养护，从而达到绿化墙体的效果。成都市的垂直绿化主要应用在高架桥、

---

① 刘瑶玲 . 谈规则式与自然式园林之争的决定因素 [J]. 山西建筑，2015，41(27)：189-190.

立交桥和工地的围挡等。

（四）植物区域分布多样性

从成都市人工植物的整体分布来看，是从城市中心向着近郊与远郊辐射开来，人工植物种植的面积和数量是逐渐减少的，主要缘于城市中心和近郊区域城市公园和绿地景观面积更大，使用人工植物的种类和数量更多，所配置的绿地景观更加丰富。而远郊区县由于地域差异大，产业发展方向不同，人口和经济基础也不一样，所以在人工植物种植，特别是经济植物培育方面各有特点。

第二篇 各 论

第五章

经济作物

第一节　乔　木

一、李 *Prunus salicina* Lindl.

科属：蔷薇科，李属。

形态特征：落叶乔木；小枝无毛；冬芽无毛；叶矩圆状倒卵形或椭圆状倒卵形，边缘有细密、浅圆钝重锯齿；花瓣白色，长圆状倒卵形，先端啮蚀状；花期4月，果期7—8月（图5-1）。

经济用途：树枝广展，红褐色而光滑，叶自春至秋呈红色，尤以春季最为鲜艳，花小，白或粉红色，是良好的观叶园林植物，也是重要果树之一。

叶　　　　　　　　　　　　　　　花

图5-1　李

二、枇杷 *Eriobotrya japonica* (Thunb.) Lindl.

科属：蔷薇科，枇杷属。

形态特征：常绿小乔木；高达10 m；小枝粗，密被锈色或灰棕色茸毛；叶革质，披针形，上部边缘有疏锯齿，基部全缘，被灰棕色茸毛；圆锥花序，花瓣白色，长圆形或卵形，基部有爪；果球形或长圆形，黄或橘黄色；花期 10—12 月，果期 5—6 月（图5-2）。

经济用途：枇杷是美丽观赏树木和果树，同时叶可药用，树姿优美，花、果色泽艳丽，是优良绿化树种和蜜源植物。

果实　　　　　　　　　　　　　　　　树形

图5-2　枇杷

三、桃 *Prunus persica* (L.) Batsch

科属：蔷薇科，桃属。

形态特征：乔木；小枝无毛；冬芽被柔毛；叶披针形，先端渐尖，基部宽楔形，具锯齿；花单生，先叶开放；花瓣长圆状椭圆形或宽倒卵形，粉红色，稀白色；花期 3—4 月，果常 8—9 月（图 5-3）。

经济用途：著名果树，桃树干上分泌的胶质俗称桃胶，可食用，也供药用。

枝叶　　　　　　　　　　　　　　　　果实

图5-3　桃

四、樱桃 *Prunus pseudocerasus* Lindl.

科属：蔷薇科，李属。

形态特征：乔木；嫩枝无毛或被疏柔毛；冬芽无毛；叶卵形或长圆状倒卵形，有尖锐重锯齿；花序伞房状或近伞形，花瓣白色，卵形，先端下凹或2裂；核果近球形，熟时红色；花期3—4月，果期5—6月（图5-4）。

经济用途：樱桃具有抗烟、吸附粉尘、净化空气等改善环境的作用，是园林、庭院绿化和农业旅游经济的良好树种。

树形

果实

叶

图5-4　樱桃

五、柚 *Citrus maxima* (Burm.) Merr.

科属：芸香科，柑橘属。

形态特征：乔木；幼枝、叶下面、花梗、花萼及子房均被柔毛；叶宽卵形或椭圆形，先端钝圆或短尖，基部圆，疏生浅齿；总状花序，稀单花腋生；果淡黄或黄绿色，果皮海绵质，油胞大，凸起，果实心松软；花期4—5月，果期9—12月（图5-5）。

经济用途：主要果树之一，在园林中可作观果植物应用。

果实

树形

花

图5-5 柚

六、枣 *Ziziphus jujuba* Mill.

科属：鼠李科，枣属。

形态特征：落叶小乔木，稀灌木；树皮褐色或灰褐色；有长枝、短枝和无芽小枝；叶纸质，卵形；花黄绿色，两性；核果矩圆形或长卵圆形，成熟时红色，后变红紫色，中果皮肉质，厚，味甜（图5-6）。

经济用途：果可鲜食或加工成红枣、乌枣、蜜枣等食品。果实、根还可供药用。其老根古干可作树桩盆景。

图5-6 枣（果实）

第二节　灌　木

一、量天尺 *Hylocereus undatus* (Haw.) Britton & Rose

科属：仙人掌科，量天尺属。

形态特征：攀缘肉质灌木；具气根；分枝多数，深绿色至淡蓝绿色，无毛，老枝边缘常呈胖胀状，淡褐色，骨质；小花漏斗状，于夜间开放；浆果红色，长球形，果脐小，果肉白色；种子倒卵形，黑色，种脐小；花期7—12月（图5-7）。

经济用途：花可作蔬菜；浆果可食，商品名"火龙果"。

株形

分枝

小窠硬刺

图 5-7　量天尺

二、笃斯越橘 *Vaccinium uliginosum* L.

科属：杜鹃花科，越橘属。

形态特征：落叶小灌木；幼枝有微毛；叶多数，倒卵形、椭圆形或长圆形，纸质，先端圆，有时微凹，基部宽楔形或楔形，全缘，上面无毛，下面疏被柔毛；叶柄有微毛；花生于去年生枝顶叶腋，下垂；浆果蓝紫色，被白粉（图5-8）。

经济用途：果可食用，也可做果酱或罐头。

枝叶　　　　　　　　　　　　　　　　　果实

图5-8　笃斯越橘

三、普通小麦 *Triticum aestivum* L.

科属：禾本科，小麦属。

形态特征：秆丛生；叶鞘无毛，下部者长于节间，膜质；叶片长披针形；穗状花序；颖卵圆形；花果期5—7月（图5-9）。

经济用途：主要粮食作物之一。

果实　　　　　　　　　　　　　　　　　秆

图5-9　普通小麦

四、玉蜀黍 *Zea mays* L.

科属：禾本科，玉蜀黍属。

形态特征：秆直立，通常不分枝；基部各节具气生支柱根；叶鞘具横脉；叶舌膜质，线状披针形；顶生雄性圆锥花序大型；颖果球形或扁球形；花果期秋季（图5-10）。

经济用途：我国各地均有栽培；全世界热带和温带地区广泛种植，重要谷物。

花序

秆

鞘状苞片

图 5-10　玉蜀黍

五、萝卜 *Raphanus sativus* L.

科属：十字花科，萝卜属。

形态特征：二年生或一年生草本；根肉质，长圆形、球形或圆锥形；外皮白、红或绿色；基生叶和下部叶大头羽状分裂；总状花序顶生或腋生；果长角果圆柱形；花期 4—5 月，果期5—6 月（图 5-11）。

经济用途：根作蔬菜食用；种子、鲜根、枯根、叶皆入药；种子榨油工业用及食用。

果实

花

图5-11　萝卜

六、芋 *Colocasia esculenta* (L.) Schott

科属：天南星科，芋属。

形态特征：湿生草本；块茎通常卵形，常生多数小球茎，均富含淀粉；叶片卵状，先端短尖或短渐尖；花序柄常单生，短于叶柄；管部绿色。花期2—4月（云南）或8—9月（秦岭）（图5-12）。

经济用途：块茎可食，块茎、叶可入药。

株形 　　　　　　　　　　　　　叶

图5-12　芋

七、草莓 *Fragaria×ananassa* (Duchesne ex Weston) Duchesne ex Rozier

科属：蔷薇科，草莓属。

形态特征：多年生草本；茎低于叶或近相等；叶三出，小叶具短柄，质较厚，倒卵形或菱形，具缺刻状锯齿，上面几无毛，下圉淡白绿色，疏生毛，沿脉较密；花两性，全缘，花瓣白色；聚合果径达3 cm，熟时鲜红色；花期4—5月，果期6—7月（图5-13）。

经济用途：果食用，也可做果酱或罐头。

果实 　　　　　　　　　　　　　株形

图5-13　草莓

第三节 藤 本

一、葡萄 *Vitis vinifera* L.

科属：葡萄科，葡萄属。

形态特征：木质藤本；小枝无毛或被稀疏柔毛；卷须2叉分枝；叶宽卵圆形，基部深心形，有锯齿，齿深而粗大；圆锥花序密集或疏散，多花，与叶对生；花瓣5，呈帽状黏合脱落；果球形或椭圆形，种子倒卵状椭圆形；花期4—5月，果期8—9月（图5-14）。

经济用途：葡萄为著名水果，可生食或制葡萄干，并酿酒，酿酒后的酒脚可提酒石酸，根和藤药用能止呕、安胎。

株形

枝干

叶

图5-14　葡萄

第四节　竹　类

一、刚竹 *Phyllostachys sulphurea* var. *viridis* R. A. Young

科属：禾本科，刚竹属。

形态特征：秆高 6~15 m，直径 4~10 cm，幼时无毛，微被白粉，绿色，成长的秆呈绿色或黄绿色，箨环微隆起；箨鞘背面呈乳黄色或绿黄褐色又多少带灰色，有绿色脉纹，无毛，微被白粉，有淡褐色或褐色略呈圆形的斑点及斑块；叶片长圆状披针形或披针形；笋期 6 月中旬（图 5-15）。

园林应用：在园林中可群植，营造文化或艺术氛围。

秆

枝条

笋

图5-15　刚竹

二、毛竹 *Phyllostachys edulis* (Carrière) J. Houz.

科属：禾本科，刚竹属。

形态特征：秆高达 20 m，新秆密被细柔毛，有白粉，老秆无毛，节下有白粉环，后渐黑；分枝以下秆环不明显，箨环隆起，初被一圈毛，后脱落；枝叶二列状排列，叶披针形；花枝穗状，无叶耳；颖果长椭圆形；笋期 4 月，5—8 月开花（图 5-16）。

经济用途：秆形粗大，宜供建筑用，如梁柱、棚架、脚手架等；篾性优良，可供编织各种粗细的用具及工艺品；枝梢做扫帚；嫩竹及秆箨做造纸原料；笋味美，鲜食或加工制成玉兰片、笋干、笋衣等。

节间   秆

图5-16 毛竹

三、雷竹 *Phyllostachys violascens* 'Prevernalis' S.Y.Chen et C.Y.Yao

科属：禾本科，刚竹属。

形态特征：秆高 8~10 m，粗 4~6 cm，幼秆深绿色，密被白粉，无毛，节暗紫色，老秆绿色、黄绿色或灰绿色（图 5-17）。

经济用途：雷竹是优良笋用竹种，其笋粗壮洁白，甘甜鲜嫩，味美可口。

叶 秆

图5-17 雷竹

四、慈竹 *Bambusa emeiensis* L. C. Chia & H. L. Fung

科属：禾本科，簕竹属。

形态特征：秆高 5~10 m，梢端细长呈弧形向外弯曲或幼时下垂如钓丝状；表面贴生灰白色或褐色疣基小刺毛，以后毛脱落则在节间留下小凹痕和小疣点；秆环平坦；箨环显著；箨鞘革质，背部密生白色短柔毛和棕黑色刺毛；花枝束生，常甚柔；果实纺锤形，果皮质薄，黄棕色；笋期 6—9 月或自 12 月至翌年 3 月，花期多在 7—9 月（图 5-18）。

经济用途：用途广泛，秆可劈篾编结竹器，亦可用于简陋建筑物的竹筑墙；箨鞘可作缝制布底鞋的填充物；笋可食用。

秆 株形

图5-18 慈竹

五、苦竹 *Pleioblastus amarus* (Keng) P. C. Keng

科属：禾本科，苦竹属。

形态特征：地下茎为复轴型；秆幼时有白粉，箨环常具箨鞘基部残留物；总状花序较延长，由3~10枚小穗组成，着生在叶枝下部的各节上，小穗含8~12花，长4~6 cm，颖3~5枚；笋期6月，花期4—5月（图5-19）。

经济用途：用以编篮筐，竿材还能做伞柄或菜园的支架以及旗竿、帐竿等用。

秆

叶

箨环

图5-19　苦竹

第六章

观赏植物和观赏花卉

第一节 乔 木

一、柏木 *Cupressus funebris* Endl.

科属：柏科，柏木属。

形态特征：乔木；树皮淡褐灰色，裂成窄长条片；小枝绿色，较老暗褐紫色；鳞叶二型，先端锐尖，两侧的叶对折，背部有棱脊；雄球花椭圆形或卵圆形；雌球花近球形；球果圆球形，熟时暗褐色；种子宽倒卵状菱形或近圆形，扁，熟时淡褐色，有光泽，边缘具窄翅（图6-1）。

园林应用：常见于庙宇、殿堂、庭院；通常片植、列植或对植，用于造景。

叶

树形　　　　　　　　　　　树干　　　　　　　　　　　果实

图6-1　柏木

二、龙柏 *Juniperus chinensis* 'Kaizuca'

科属：柏科，刺柏属。

形态特征：常绿乔木；树冠圆柱状或柱状塔形；枝条向上直展，常有扭转上升之势，小枝密，在枝端成几相等长之密簇；鳞叶排列紧密，幼嫩时淡黄绿色，后呈翠绿色；球果蓝色，微被白粉（图6-2）。

园林应用：多被种植于庭园作美化用途；应用于公园、庭园、绿墙和高速公路中央隔离带；龙柏移栽成活率高，恢复速度快，是园林绿化中使用最多的树木，观赏价值高。郫都区望丛祠内有龙柏的古树。

树形　　　　　　　　　　　　　　　　分枝

枝条　　　　　　　　　　　　　　　　叶

图6-2　龙柏

三、乌桕 *Triadica sebifera* (L.) Small

科属：大戟科，乌桕属。

形态特征：乔木；高可达 15 m，各部均无毛而具乳状汁液；树皮暗灰色，有纵裂纹；枝广展，具皮孔；叶互生，纸质，叶片菱形、菱状卵形或稀有菱状倒卵形，花单性，雌雄同株，聚集成顶生；蒴果梨状球形，成熟时黑色；花期 4—8 月（图 6-3）。

园林应用：乌桕可孤植、丛植于草坪和湖畔、池边，在园林绿化中可栽作护堤树、庭荫树及行道树。在城市园林中，乌桕可作行道树，可栽植于道路景观带，也可栽植于广场、公园、庭院中，或成片栽植于景区、森林公园中，能产生良好的造景效果。

枝条 叶

图6-3 乌桕

四、合欢 *Albizia julibrissin* Durazz.

科属：豆科，合欢属。

形态特征：落叶乔木；树干灰黑色；嫩枝、花序和叶轴被茸毛或短柔毛；夏季开花，托叶线状披针形，较小叶小，早落；二回羽状复叶，互生；头状花序，合瓣花冠，花粉红色；荚果带状；花期 6—7 月，果期 8—10 月（图 6-4）。

园林应用：合欢可用作园景树、行道树、风景区造景树、滨水绿化树、工厂绿化树和生态保护树等。

枝条

花

叶

图6-4　合欢

五、山槐 *Albizia kalkora* (Roxb.) Prain

科属：豆科，合欢属。

形态特征：落叶小乔木或灌木；叶二回羽状复叶，长圆形或长圆状卵形；头状花序生于叶腋，或于枝顶排成圆锥花序；荚果带状，倒卵形（图 6-5）。

园林应用：山槐叶形雅致，盛夏绒花红树，色泽艳丽，可作为庭荫树，或丛植成风景林。

树形

幼树

果实

叶

图6-5　山槐

六、槐 *Styphnolobium japonicum* (L.) Schott

科属：豆科，槐属。

形态特征：乔木，又名国槐；树形高大，其羽状复叶和刺槐相似；花为淡黄色，可烹调食用，也可作中药或染料；树皮灰褐色，具纵裂纹；圆锥花序顶生，常呈金字塔形；荚果串珠状，种子排列较紧密，具肉质果皮，成熟后不开裂；种子卵球形，淡黄绿色，干后黑褐色（图6-6）。

园林应用：槐是庭院常用的特色树种，其枝叶茂密，绿荫如盖，适作庭荫树；配植于公园、建筑四周，街坊住宅区及草坪上，也极相宜。

嫩叶 树干

图6-6 槐

七、银荆 *Acacia dealbata* Link

科属：豆科，相思树属。

形态特征：无刺灌木或小乔木；嫩枝及叶轴被灰色短茸毛，被白霜；二回羽状复叶，银灰色至淡绿色，羽片密集；头状花序，花淡黄或橙黄色；荚果长圆形，扁压，无毛，通常被白霜，红棕色或黑色（图6-7）。

园林应用：可作行道树或在庭园作孤植、丛植布置。

枝叶

树形 果实

图6-7 银荆

八、皂荚 *Gleditsia sinensis* Lam.

科属：豆科，皂荚属。

形态特征：落叶乔木或小乔木；枝灰色至深褐色；刺粗壮，圆柱形，常分枝，多呈圆锥状；叶为一回羽状复叶，纸质，卵状披针形至长圆形；花杂性，黄白色，组成总状花序；荚果带状；种子多颗，长圆形或椭圆形（图6-8）。

园林应用：皂荚树耐热、耐寒、抗污染，可用于城乡景观林、道路绿化。

花

树形

果实

枝条

图6-8　皂荚

九、紫荆 Cercis chinensis Bunge

科属：豆科，紫荆属。

形态特征：落叶乔木或灌木，高 2~5 m；树皮和小枝灰白色；叶纸质，近圆形或三角状圆形，先端急尖，基部浅至深心形；花紫红色或粉红色，通常先于叶开放；荚果扁狭长形，绿色，先端急尖或短渐尖，基部长渐尖；果黑褐色，光亮；花期 3—4 月，果期 8—10 月（图 6-9）。

园林应用：紫荆宜栽庭院、草坪、岩石及建筑物前，用于小区的园林绿化，具有较好的观赏效果。

树形

枝干

叶

图6-9　紫荆

十、杜英 Elaeocarpus decipiens Hemsl.

科属：杜英科，杜英属。

形态特征：常绿乔木；嫩枝及顶芽初时被微毛，不久变秃净，干后黑褐色；叶革质，披针形或倒披针形；总状花序多生于叶腋及无叶的去年枝条上，花白色；核果椭圆形；花期 6—7 月（图 6-10）。

园林应用：常绿速生树种，材质好，适应性强，病虫害少，是庭院观赏和四旁绿化的优良品种。

树干

| 树形 | 枝叶 |

图6-10　杜英

十一、红豆杉 *Taxus wallichiana* var. *chinensis* (Pilg.) Florin

科属：红豆杉科，红豆杉属。

形态特征：乔木，高达 30 m，胸径 60~100 cm；树皮灰褐色、红褐色或暗褐色，裂成条片脱落；叶排列成两列，条形，微弯或较直；雄球花淡黄色；种子常呈卵圆形，上部渐窄，稀倒卵状（图6-11）。

园林应用：多作为孤植景观树。叶常绿，深绿色，假种皮肉质红色，颇为美观，可作庭园树。

小枝

树形   叶

图6-11 红豆杉

十二、枫杨 *Pterocarya stenoptera* C. DC.

科属：胡桃科，枫杨属。

形态特征：大乔木，高达 30 m，胸径达 1 m；幼树树皮平滑，浅灰色，老时则深纵裂；叶多为偶数或稀奇数羽状复叶；雄性菜荑花序长 6~10 cm，单独生于去年生枝条上叶痕腋内，雌性菜荑花序顶生；果实长椭圆形；花期 4—5 月，果期 8—9 月（图 6-12）。

园林应用：枫杨树干高大，树体通直粗壮，树冠丰满开展，枝叶茂盛，绿荫浓密，枫杨广泛栽植作庭园树或行道树，或溪流两岸造景。

花序

树形   枝干

图6-12　枫杨

十三、木芙蓉 *Hibiscus mutabilis* L.

科属：锦葵科，木槿属。

形态特征：落叶灌木或小乔木；小枝、叶柄、花梗和花萼均密被星状毛与直毛相混的细绵毛；叶宽卵形至圆卵形或心形；花初开时白色或淡红色，后变深红色；种子肾形，背面被长柔毛（图6-13）。

园林应用：本种花大色丽，为我国久经栽培的园林观赏植物，可植于路边、水边、草坪等地用于造景。

叶 花

树干 树形

图6-13 木芙蓉

十四、珙桐 *Davidia involucrata* Baill.

科属：蓝果树科，珙桐属。

形态特征：落叶乔木，可为 15~25 m 高；叶子广卵形，边缘有锯齿；树皮深灰色或深褐色，常裂成不规则的薄片而脱落；叶纸质，互生，无托叶，常密集于幼枝顶端，阔卵形或近圆形；两性花与雄花同株，球形的头状花序；果实为长卵圆形核果；花期 4 月，果期 10 月（图6-14）。

园林应用：珙桐为世界著名的珍贵观赏树，常植于池畔、溪旁及疗养所、宾馆、展览馆附近，并有和平的象征意义。

生境 　　　　　　　　　　　　　　　　　枝叶

图6-14　珙桐

十五、喜树 *Camptotheca acuminata* Decne.

科属：蓝果树科，喜树属。

形态特征：落叶乔木，高达 20 m；树皮灰色或浅灰色，纵裂成浅沟状；叶互生，纸质，矩圆状卵形或矩圆状椭圆形；头状花序近球形；翅果矩圆形；花期 5—7 月，果期 9 月（图 6-15）。

园林应用：本种的树干挺直，生长迅速，可种为庭园树或行道树。

花序   树形

枝叶   树干

图6-15 喜树

十六、楝 *Melia azedarach* L.

科属：楝科，楝属。

形态特征：落叶乔木；树皮灰褐色，纵裂；小叶对生，卵形、椭圆形至披针形；圆锥花序约与叶等长，无毛或幼时被鳞片状短柔毛；花芳香；核果球形至椭圆形（图 6-16）。

园林应用：用作行道树、观赏树和沿海地区造林树种。

幼苗

果实

图6-16　楝

十七、香椿 *Toona sinensis* (A. Juss.) Roem.

科属：楝科，香椿属。

形态特征：乔木；树皮粗糙，深褐色，片状脱落；叶具长柄，偶数羽状复叶；圆锥花序与叶等长或更长；蒴果狭椭圆形；花期6—8月，果期10—12月（图6-17）。

园林应用：观赏及行道树种；园林中配置于疏林，作上层骨干树种，其下栽以耐阴花木。

树形

果实

叶

图6-17　香椿

十八、罗汉松 *Podocarpus macrophyllus* (Thunb.) Sweet

科属：罗汉松科，罗汉松属。

形态特征：常绿针叶乔木；树皮灰色或灰褐色，浅纵裂，成薄片状脱落；枝开展或斜展，较密；叶螺旋状着生，条状披针形，微弯；雄球花穗状、腋生，基部有数枚三角状苞片；雌球花单生叶腋，有梗，基部有少数苞片；种子卵圆形，先端圆，熟时肉质假种皮紫黑色，有白粉，种托肉质圆柱形，红色或紫红色（图6-18）。

园林应用：罗汉松可室内盆栽，亦可作花坛种植。由于罗汉松树形古雅，种子与种柄组合奇特，惹人喜爱，南方寺庙、宅院多有种植。

树形

枝干

叶

图6-18 罗汉松

十九、玉兰 *Yulania denudata* (Desr.) D. L. Fu

科属：木兰科，木兰属。

形态特征：落叶乔木；枝广展形成宽阔的树冠；树皮深灰色，粗糙开裂；叶纸质，倒卵形、宽倒卵形或倒卵状椭圆形；花蕾卵圆形，花先叶开放，直立，芳香；聚合果圆柱形（在庭园栽培种常因部分心皮不育而弯曲）；种子心形，侧扁；花期2—3月，亦常于7—9月再开一次花，果期8—9月（图6-19）。

园林应用：早春白花满树，艳丽芳香，为驰名中外的庭园观赏树种，可孤植、片植造景。

花　　　　　　　　　　　　树形

叶　　　　　　　　　　　　树干

图6-19　玉兰

二十、白兰 *Michelia × alba* DC.

科属：木兰科，含笑属。

形态特征：枝广展，树冠宽伞形；幼枝及芽密被淡黄白色微柔毛，老时渐脱落；叶薄革质，长椭圆形或披针状椭圆形；花白色，极香，聚合果蓇葖疏散，蓇葖革质，鲜红色；花期4—9月，夏季盛开，常不结实（图6-20）。

园林应用：花洁白清香、夏秋间开放，花期长，叶色浓绿，为著名的庭园观赏树种，多栽为行道树，多孤植或丛植造景。

枝干

树形

叶

图6-20 白兰

二十一、乐昌含笑 *Michelia chapensis* Dandy

科属：木兰科，含笑属。

形态特征：小枝无毛或幼时节上被灰色微柔毛；叶薄革质，倒卵形、窄倒卵形或长圆状倒卵形，先端短尾尖或短渐钝尖，基部楔形或宽楔形；花芳香，淡黄色；雌蕊群窄圆柱形；聚合果，顶端具短细弯尖头；种子红色；花期3—4月，果期8—9月（图6-21）。

园林应用：能抗高温耐寒，树干挺拔，树荫浓郁，可孤植或丛植于园林中，亦可作行道树。

树形   嫩叶

枝条

图6-21　乐昌含笑

二十二、深山含笑 *Michelia maudiae* Dunn

科属：木兰科，含笑属。

形态特征：芽、幼枝、叶下面、苞片均被白粉；叶革质，宽椭圆形，稀卵状椭圆形；花单生枝梢叶腋，芳香；聚合果，蓇葖长圆形、倒卵圆形或卵圆形，顶端钝圆或具短骤尖，背缝开裂；种子红色，斜卵圆形，稍扁；花期2—3月，果期9—10月（图6-22）。

园林应用：叶鲜绿，花纯白艳丽，为庭园观赏树种和四旁绿化树种。

枝叶

果实

树形　　　　　花

图6-22　深山含笑

二十三、鹅掌楸 *Liriodendron chinense* (Hemsl.) Sarg.

科属：木兰科，鹅掌楸属。

形态特征：乔木，高达 40 m，胸径 1 m 以上；小枝灰色或灰褐色；叶马褂状，近基部每边具 1 侧裂片，先端具 2 浅裂，下面苍白色；聚合果长 7~9 cm，具翅的小坚果；花期 5 月，果期 9—10 月（图 6-23）。

园林应用：树干挺直，树冠伞形，叶形奇特、古雅，为世界珍贵树种。

树干

树形

叶

图6-23　鹅掌楸

二十四、木樨 *Osmanthus fragrans* (Thunb.) Lour.

科属：木樨科，木樨属。

形态特征：常绿乔木或灌木，多高 3~5 m，最高可达 18 m；树皮灰褐色；小枝黄褐色，无毛；叶片革质，椭圆形、长椭圆形或椭圆状披针形；聚伞花序簇生于叶腋，或近于帚状，每腋内有花多朵；果歪斜，椭圆形；花期 9—10 月上旬，果期翌年 3 月，或花期 5—7 月，果期 7 月至翌年 4 月（图6-24）。

园林应用：终年常绿，枝繁叶茂，夏秋季开花，在园林中应用普遍，常作园景树，有孤植、对植，也有成丛、成林栽种。

叶

树形 枝干

图6-24 木樨

二十五、女贞 *Ligustrum lucidum* W. T. Aiton

科属：木樨科，女贞属。

形态特征：常绿乔木或灌木，高可达 25 m；树皮灰褐色；枝黄褐色、灰色或紫红色，圆柱形，疏生圆形或长圆形皮孔；叶片常绿，革质，卵形、长卵形或椭圆形至宽椭圆形；圆锥花序顶生；果肾形或近肾形，深蓝黑色，成熟时呈红黑色，被白粉（图 6-25）。

园林应用：女贞枝叶茂密，树形整齐，是园林中常用的观赏树种，可于庭院孤植或丛植，亦可作为行道树。

枝叶

树形 　　　　　　　　　　　　树干

图6-25　女贞

二十六、七叶树 *Aesculus chinensis* Bunge

科属：七叶树科，七叶树属。

形态特征：落叶乔木，高达 25 m；树皮深褐色或灰褐色；掌状复叶，由 5~7 小组成，叶柄长 10~12 cm，有灰色微柔毛；小叶纸质，长圆披针形至长圆倒披针形；花序圆筒形，花杂性，雄花与两性花同株，花萼管状钟形；果实球形或倒卵圆形；花期 4—5 月，果期 10 月（图6-26）。

园林应用：是优良的行道树和园林观赏植物，可作人行步道、公园、广场绿化树种，既可孤植也可群植，或与常绿树和阔叶树混种。

树形　　　　　　　　　　　　　　　　树干

叶

图6-26　七叶树

二十七、黄连木 *Pistacia chinensis* Bunge

科属：漆树科，黄连木属。

形态特征：落叶乔木；树干扭曲，树皮暗褐色，呈鳞片状剥落，幼枝灰棕色，具细小皮孔，疏被微柔毛或近无毛；奇数羽状复叶互生，小叶对生或近对生，纸质，披针形或卵状披针形或线状披针形；花单性异株，先花后叶，圆锥花序腋生；核果倒卵状球形（图6-27）。

园林应用：黄连木是优良绿化树种，宜作庭荫树、行道树及观赏风景树，也常作"四旁"绿化及低山区造林树种。若要构成大片秋色红叶林，可与槭类、枫香等混植，效果更好。

树干　　　　　　　　　　　　　　　　嫩叶

图6-27　黄连木

二十八、南酸枣 *Choerospondias axillaris* (Roxb.) B. L. Burtt & A. W. Hill

科属：漆树科，南酸枣属。

形态特征：落叶乔木，高达 30 m；小枝无毛，具皮孔；奇数羽状复叶互生，小叶对生，窄长卵形或窄，先端长渐尖，基部宽楔形；单性或杂性异株，雄花和假两性花组成圆锥花序，雌花单生上部叶腋；核果黄色，椭圆状球形，长 2.5~3.0 cm；种子无胚乳（图6-28）。

园林应用：南酸枣为较好的速生造林树种，可孤植作为景观树。

花序

果实

树干

叶

图6-28 南酸枣

二十九、盐麸木 *Rhus chinensis* Mill.

科属：漆树科，盐麸木属。

形态特征：落叶小乔木或灌木，高 2~10 m；小枝棕褐色，被锈色柔毛，具圆形小皮孔；奇数羽状复叶，小叶多形，卵形或椭圆状卵形或长圆形；圆锥花序宽大，多分枝；核果球形，略压扁；花期 8—9 月（图 6-29）。

园林应用：在园林绿化中，可作为观叶、观果的树种。花蜜、粉都很丰富，是良好的蜜源植物。多孤植于草坪或疏林中点缀造景。

枝叶　　　　　　　　　　　　　　　　花序

图6-29　盐麸木

三十、鸡爪槭 *Acer palmatum* Thunb.

科属：无患子科，槭属。

形态特征：落叶小乔木；树皮深灰色，小枝细瘦；当年生枝紫色或淡紫绿色；多年生枝淡灰紫色或深紫色；叶纸质，外貌圆形，裂片长圆卵形或披针形，先端锐尖或长锐尖，边缘具紧贴的尖锐锯齿；花紫色，杂性，雄花与两性花同株，生于无毛的伞房花序；翅果嫩时紫红色，成熟时淡棕黄色，小坚果球形；花期5月，果期9月（图6-30）。

园林应用：鸡爪槭可作行道和观赏树栽植，是较好的"四季"绿化树种，可植于山麓、池畔，还可植于花坛中作为主景树，或植于园门两侧、建筑物角隅装点风景，或以盆栽形式用于室内美化。

树形　　　　　　　　　　花　　　　　　　　　　枝叶

树干　　　　　　　　　　果实

图6-30　鸡爪槭

三十一、紫薇 *Lagerstroemia indica* L.

科属：千屈菜科，紫薇属。

形态特征：落叶灌木或小乔木，高可达 7 m；树皮平滑，灰色或灰褐色；枝干多扭曲，小枝纤细，具 4 棱，略成翅状；叶互生或有时对生，纸质，椭圆形、阔矩圆形或倒卵形；花淡红色或紫色、白色，直径 3~4 cm，常组成 7~20 cm 的顶生圆锥花序；蒴果椭圆状球形或阔椭圆形；花期 6—9 月，果期 9—12 月（图 6-31）。

园林应用：紫薇作为优秀的观花乔木，在园林绿化中栽植于建筑物前、院落内、池畔、河边、草坪旁，多列植于道路绿化带内或丛植于草坪绿化上，也是做盆景的好材料。

花　　　　　　　　　　　　树干

枝　　　　　　　　　　　　叶

图6-31　紫薇

三十二、碧桃 *Amygdalus persica* 'Duplex'

科属：蔷薇科，李属。

形态特征：落叶小乔木，高可达 8 m，一般整形后控制在 3~4 m；树冠广卵形，树皮灰褐色；枝条红褐色，无毛；单叶椭圆状或披针形；花单生或两朵生于叶腋，花有单瓣、半重瓣和重瓣，春季先叶或与叶同时开放，花色有白、粉红、红和红白相间等色（图6-32）。

园林应用：在园林绿化中被广泛用于湖滨、溪流、道路两侧和公园等。

| 花 | 花枝 | 树干 |

图6-32 碧桃

三十三、红叶碧桃 *Amygdalus persica* 'Atropurpurea'

科属：蔷薇科，李属。

形态特征：株高 3~5 m；树皮灰褐色，小枝红褐色；单叶互生，卵圆状披针形，幼叶鲜红色；花重瓣、桃红色；核果球形，果皮有短茸毛，内有蜜汁（图6-33）。

园林应用：3月先花后叶，是优良的观花树种。

| 枝叶 | 树形 |

图6-33 红叶碧桃

三十四、海棠花 *Malus spectabilis* (Ait.) Borkh.

科属：蔷薇科，苹果属。

形态特征：乔木，高可达8 m；小枝粗壮，圆柱形，幼时具短柔毛，逐渐脱落，老时红褐色或紫褐色、无毛；叶片椭圆形至长椭圆形，先端短渐尖或圆钝，基部宽楔形或近圆形，边缘有紧贴细锯齿，有时部分近于全缘；花序近伞形，有花4~6朵；果实近球形，黄色；花期4—5月，果期8—9月（图6-34）。

园林应用：多于园林景观中丛植造景。用于篱栽、容器栽培或作为背风墙上的攀缘植物效果很好。

枝叶 花

图6-34 海棠花

三十五、垂丝海棠 *Malus halliana* Koehne

科属：蔷薇科，苹果属。

形态特征：乔木，高达5 m；树冠开展；小枝细弱，微弯曲，圆柱形，最初有毛，不久脱落，紫色或紫褐色；冬芽卵形，先端渐尖，无毛或仅在鳞片边缘具柔毛，紫色；叶片卵形或椭圆形至长椭圆形；伞房花序，具花4~6朵；果实梨形或倒卵形，略带紫色，成熟很迟；花期3—4月，果期9—10月（图6-35）。

园林应用：多片植或丛植于园林绿化中造景。可对植，或孤植，或在公园游步道旁两侧列植或丛植，亦具特色。海棠也是制作盆景的材料。

花

树形

叶

图6-35　垂丝海棠

三十六、梅 *Prunus mume* Siebold & Zucc.

科属：蔷薇科，李属。

形态特征：小乔木，稀灌木，高 4~10 m；树皮浅灰色或带绿色，平滑；小枝绿色，光滑无毛；叶片卵形或椭圆形，先端尾尖，基部宽楔形至圆形，叶边常具小锐锯齿，灰绿色；花单生或有时 2 朵同生于 1 芽内，香味浓，先于叶开放，花瓣倒卵形，白色至粉红色；果实近球形，黄色或绿白色，被柔毛，味酸；花期冬春季，果期 5—6 月（图 6-36）。

园林应用：许多类型可露地栽培供观赏，还可栽为盆花，制作梅桩。

图6-36　梅（幼苗）

三十七、西府海棠 *Malus × micromalus* Makino

科属：蔷薇科，苹果属。

形态特征：小乔木，高 2.5~5 m，树枝直立性强；小枝细弱圆柱形，嫩时被短柔毛，老时脱落，紫红色或暗褐色，具稀疏皮孔；叶片长椭圆形或椭圆形，先端急尖或渐尖，基部楔形稀近圆形，边缘有尖锐锯齿；伞形总状花序，有花 4~7 朵，集生于小枝顶端；果实近球形，红色；花期 4—5 月，果期 8—9 月（图 6-37）。

园林应用：西府海棠在海棠花类中树态峭立，似亭亭少女。花朵红粉相间，叶子嫩绿可爱，果实鲜美诱人，不论孤植、列植、丛植均极为美观。多丛植于园林绿化中造景，最宜植于水滨及小庭一隅。

树干

枝叶

果实

图6-37　西府海棠

三十八、紫叶李 *Prunus cerasifera* 'Atropurpurea'

科属：蔷薇科，李属。

形态特征：灌木或小乔木，高可达 8 m；多分枝，小枝暗红色；叶片椭圆形、卵形或倒卵形，先端急尖，叶紫红色；花 1 朵，稀 2 朵，花瓣白色；核果近球形或椭圆形，红色，微被蜡粉；花期 4 月，果期 8 月（图 6-38）。

园林应用：叶常年紫红色，著名观叶树种，可作孤植景观树或行道树，孤植群植皆宜，能衬托背景。

树形　　　　　　　　　　　枝叶

花　　　　　　　　　　　树干

图6-38　紫叶李

三十九、构 *Broussonetia papyrifera* (L.) L'Hér. ex Vent.

科属：桑科，构属。

形态特征：树皮暗灰色；小枝密生柔毛；叶螺旋状排列，广卵形至长椭圆状卵形，先端渐尖，基部心形，两侧常不相等，边缘具粗锯齿，小树之叶常有明显分裂，表面粗糙，疏生糙毛，背面密被茸毛；花雌雄异株，雄花序为柔荑花序、粗壮，雌花序球形头状；聚花果，成熟时橙红色，肉质；花期 4—5 月，果期 6—7 月（图 6-39）。

园林应用：城乡绿化的重要树种，尤其适合用作矿区及荒山坡地绿化，亦可选做庭荫树及防护林用，可植于绿地边缘作防护树种。

枝叶

果

图6-39　构

四十、黄葛树 *Ficus virens* Aiton

科属：桑科，榕属。

形态特征：落叶或半落叶乔木；有板根或支柱根，幼时附生；叶薄革质或皮纸质，卵状披针形至椭圆状卵形，先端短渐尖，基部钝圆或楔形至浅心形，全缘；榕果单生或成对腋生或簇生于已落叶枝叶腋，球形，成熟时紫红色；雄花、瘿花、雌花生于同一榕果内；瘦果表面有皱纹；花期5—8月（图6-40）。

园林应用：生性强健，树姿丰满，树冠开展，而且能抵强风，移栽容易，适应力强，适于作行道树、园景树和庭荫树。

树干

枝叶

树形

图6-40　黄葛树

四十一、榕树 *Ficus microcarpa* L. f.

科属：桑科，榕属。

形态特征：大乔木，冠幅广展；老树常有锈褐色气根；树皮深灰色；叶薄革质，狭椭圆形，先端钝尖，基部楔形，表面深绿色，干后深褐色，有光泽，全缘；榕果成对腋生或生于已落叶枝叶腋，成熟时黄或微红色，扁球形；瘦果卵圆形；花期5—6月（图6-41）。

园林应用：多用作行道树，是良好的遮阴树种。树桩盆景可用来布置家庭居室、办公室及茶室，也可常年在公共场所陈设，不需要精心管理和养护。榕树可被制作成盆景，装饰庭院、卧室。亦可作为孤植树观赏之用。

叶

树形

树根

图6-41 榕树

四十二、桑 *Morus alba* L.

科属：桑科，桑属。

形态特征：乔木或灌木状，高 3~10 m 或更高，胸径可达 50 cm；树皮厚，灰色，具不规则浅纵裂；冬芽红褐色，卵形，芽鳞覆瓦状排列，灰褐色，有细毛；小枝有细毛；叶卵形或广卵形，先端急尖、渐尖或圆钝，基部圆形至浅心形，边缘锯齿粗钝，无毛；花单性，腋生或生于芽鳞腋内，与叶同时生出；聚花果卵状椭圆形，成熟时红色或暗紫色；花期4—5月，果期5—8月（图6-42）。

园林应用：植于住宅门口或孤植于绿地边缘造景。

树形

枝叶

花

图6-42 桑

四十三、山茶 *Camellia japonica* L.

科属：山茶科，山茶属。

形态特征：灌木或小乔木；嫩枝无毛；叶革质，椭圆形，先端略尖，或急短尖而有钝尖头，基部阔楔形，上面深绿色；花顶生，红色，花大多数为红色或淡红色，亦有白色，多为重瓣，无柄；蒴果圆球形，3片裂开；果片厚木质；花期1—4月（图6-43）。

园林应用：传统园林花木，配置于疏林边缘，生长最好；假山旁植，可构成山石小景；庭园中多丛植于角隅处。

枝叶

树形

花

图6-43　山茶

四十四、银桦 *Grevillea robusta* A. Cunn. ex R. Br.

科属：山龙眼科，银桦属。

形态特征：嫩枝被锈色茸毛；二次羽状深裂，总状花序，腋生，或排成少分枝的顶生圆锥花序；果卵状椭圆形；种子长盘状，边缘具窄薄翅（图6-44）。

园林应用：银桦生长迅速，树干通直，树形美观，花色橙黄，而且叶形奇特，颇似蕨叶，抗烟尘，适应城市环境，是南亚热带地区优良的行道树，也可用于庭园中孤植、对植；此外，银桦还是优良的蜜源植物。

花序

枝叶

图6-44　银桦

四十五、桃叶珊瑚 *Aucuba chinensis* Benth.

科属：丝缨花科，桃叶珊瑚属。

形态特征：常绿小乔木或灌木；小枝粗壮，二歧分枝，绿色，光滑；皮孔白色，长椭圆形或椭圆形，较稀疏；叶革质，椭圆形或阔椭圆形，稀倒卵状椭圆形，先端锐尖或钝尖，基部阔楔形或楔形，稀两侧不对称，边缘微反卷，叶上面深绿色，下面淡绿色，粗壮，光滑；圆锥花序顶生；幼果绿色，成熟为鲜红色，圆柱状或卵状；花期1—2月，果熟期达翌年2月（图6-45）。

园林应用：常与一至二年生果序同存于枝上。本种为观叶和观果均佳植物，华南还可种作观赏绿篱，或配山石，在庭园中点缀数株，四季均可观赏。

树形　　　　　　　　　　　　　　　　　　果实

叶

图6-45　桃叶珊瑚

四十六、水杉 *Metasequoia glyptostroboides* Hu & W. C. Cheng

科属：柏科，水杉属。

形态特征：落叶乔木；树皮灰色、灰褐色或暗灰色；幼树树冠尖塔形，老树树冠广圆形；枝叶稀疏，枝斜展，小枝下垂；叶线形，交互对生；球果下垂，近球形，有长柄，种鳞木质、盾形；种子扁平，周围具窄翅（图6-46）。

园林应用：秋叶观赏树种。在园林中最适于列植，也可丛植、片植，可用于堤岸、湖滨、池畔、庭院等绿化，也可作盆栽，也可成片栽植营造风景林，并适配常绿地被植物；还可栽于建筑物前或用作行道树。

| 树形 | 树干 | 枝叶 |

图6-46　水杉

四十七、君迁子 *Diospyros lotus* L.

科属：柿科，柿属。

形态特征：落叶乔木；树冠近球形或扁球形；树皮灰黑色或灰褐色，深裂或不规则的厚块状剥落；小枝褐色或棕色，有纵裂的皮孔；叶近膜质，椭圆形至长椭圆形，簇生；雌花单生，几无梗，淡绿色或带红色；果近球形或椭圆形；花期5—6月，果期10—11月（图6-47）。

园林应用：君迁子广泛栽植作行道树，栽植于道路两侧，格外优美动人。君迁子还可作为风景树，孤植于草坪中央形成主要景观。

| 枝 | 叶 |

图6-47　君迁子

四十八、柿 *Diospyros kaki* Thunb.

科属：柿科，柿属。

形态特征：落叶大乔木；树皮深灰色至灰黑色，或者黄灰褐色至褐色，沟纹较密，裂成长方块状；树冠球形或长圆球形，枝开展，带绿色至褐色，无毛，散生纵裂的长圆形或狭长圆形皮孔；叶纸质，卵状椭圆形至倒卵形或近圆形；花雌雄异株，花序腋生，为聚伞花序；果形种种，有球形、扁球形，近球形而略呈方形，卵形；花期5—6月，果期9—10月（图6-48）。

园林应用：叶大荫浓，秋末冬初，霜叶染成红色，冬月，落叶后，柿实殷红不落，一树满挂累累红果，增添优美景色，是优良的风景树。

叶	树皮
花	果实

图6-48　柿

四十九、雪松 *Cedrus deodara* (Roxb. ex D. Don) G. Don

科属：松科，雪松属。

形态特征：常绿乔木；树冠尖塔形，大枝平展，小枝略下垂；叶针形，长8~60 cm，质硬，灰绿色或银灰色，在长枝上散生、短枝上簇生；10—11月开花；球果翌年成熟，椭圆状卵形，熟时赤褐色（图6-49）。

园林应用：雪松树体高大，树形优美，最适宜孤植于草坪中央、建筑前庭之中心、广场中心或主要建筑物的两旁及公园入口等处。

树形　　　　　　　　　　　　　　　　树干

枝叶　　　　　　　　　　　　　　　　盆栽

图6-49　雪松

五十、栾 *Koelreuteria paniculata* Laxm.

科属：无患子科，栾属。

形态特征：落叶乔木或灌木；树皮厚，灰褐色至灰黑色，老时纵裂，皮孔小，灰至暗褐色；小枝具疣点，与叶轴、叶柄均被皱曲的短柔毛或无毛；叶丛生于当年生枝上，平展，一回、不完全二回或偶为二回羽状复叶，对生或互生，纸质，卵形、阔卵形至卵状披针形；聚伞圆锥花序；蒴果圆锥形；种子近球形；花期6—8月，果期9—10月（图6-50）。

园林应用：栾树高大挺拔、枝叶茂密美丽，是一种非常美丽的街头观赏树，适应性强，季节性明显，是道路和庭院等景观绿化的理想树种，也适合在工业污染地区种植。

树形

树叶

花

果实

图6-50　栾树

五十一、梧桐 *Firmiana simplex* (L.) W. Wight

科属：锦葵科，梧桐属。

形态特征：落叶乔木；嫩枝和叶柄多少有黄褐色短柔毛，枝内白色中髓有淡黄色薄片横隔；叶片宽卵形、卵形、三角状卵形或卵状椭圆形；伞房状聚伞花序顶生或腋生；花萼紫红色，花冠白色或带粉红色，花柱不超出雄蕊；核果近球形，成熟时蓝紫色（图6-51）。

园林应用：梧桐为普通的行道树及庭园绿化观赏树，也是一种优美的观赏植物，适宜于点缀在庭园、宅前，也可以种植作行道树。

叶

树干

图6-51　梧桐

五十二、白花泡桐 *Paulownia fortunei* (Seem.) Hemsl.

科属：泡桐科，泡桐属。

形态特征：树冠圆锥形；主干直，树皮灰褐色；叶片长卵状心脏形，有时为卵状心脏形；花序枝几无或仅有短侧枝，花序狭长几成圆柱形，有疏腺；蒴果长圆形或长圆状椭圆形；花期3—4月，果期7—8月（图6-52）。

园林应用：树形高大美观，开花时节白花多多，格外壮观美丽，春季观花时节尤其动人。白花泡桐适于庭园、公园、广场、街道作庭荫树或行道树。

树形

树干

花

图6-52　白花泡桐

五十三、垂柳 *Salix babylonica* L.

科属：杨柳科，柳属。

形态特征：乔木，高 12~18 m；树冠开展而疏散；树皮灰黑色，不规则开裂；枝细，下垂，淡褐黄色、淡褐色或带紫色，无毛；芽线形，先端急尖；叶狭披针形或线状披针形；花序先叶开放，或与叶同时开放；蒴果长 3~4 mm，带绿黄褐色；花期 3—4 月，果期 4—5 月（图 6-53）。

园林应用：垂柳树形优美，放叶、开花早，早春满树嫩绿，是北温带公园中主要树种之一。有纤细下垂的枝条、如眉的柳叶。最宜配植在水边，如桥头、池畔，及河流、湖泊等水系沿岸处。

枝叶

树形　　　　　　　　　　　　　　　树干

图6-53　垂柳

五十四、旱柳 *Salix matsudana* Koidz.

科属：杨柳科，柳属。

形态特征：落叶乔木，高达 20 m；大枝斜上，树冠广圆形；树皮暗灰黑色；叶披针形，先端长渐尖，基部窄圆形或楔形，上面绿色，无毛，有光泽，下面苍白色或带白色，有细腺锯齿缘；花序与叶同时开放；花期 4 月，果期 4—5 月（图 6-54）。

园林应用："春来无处不春风，偏在湖桥柳色中"，柳色成了春天的象征，旱柳也是我国人民喜爱的树种，常栽植于沿河湖岸边及低湿之处，也是常用的庭荫树、行道树，可孤植于草坪、对植于建筑两旁。

枝叶

树干

叶

图6-54　旱柳

成都市入工栽培植物
多样性及园林应用

五十五、青甘杨 *Populus przewalskii* Maxim.

科属：杨柳科，杨属。

形态特征：乔木；树干通常端直；树皮光滑或纵裂，常为灰白色；有顶芽，芽鳞多数，常有黏脂；枝有长（包括萌枝）短枝之分，圆柱状或具棱线；叶互生，多为卵圆形、卵圆状披针形或三角状卵形；葇荑花序下垂，常先叶开放（图6-55）。

园林应用：杨树可广泛用于生态防护林、工业用材林，也可作道路绿化树种。其特点是高大雄伟、整齐标致、迅速成林，能防风沙、吸收废气。

枝叶

树干

树形　　　　　　　　　　　　　　　叶

图6-55　杨树

五十六、银杏 *Ginkgo biloba* L.

科属：银杏科，银杏属。

形态特征：乔木；幼树树皮具浅纵裂，大树之皮呈灰褐色，具深纵裂，粗糙；叶扇形，有长柄，淡绿色，无毛，有多数叉状并列细脉；球花雌雄异株；种子具长梗，下垂，常为椭圆形、长倒卵形、卵圆形或近圆球形；花期3—4月，种子9—10月成熟（图6-56）。

园林应用：银杏适应性强，抗烟尘、抗火灾、抗有毒气体。银杏树体高大，树干通直，姿态优美，春夏翠绿，深秋金黄，是理想的园林绿化、行道、公路、田间林网、防风林带的理想栽培树种，被列为中国四大长寿观赏树种（松、柏、槐、银杏）。

树形

叶

果实

树干

图6-56　银杏

五十七、龙爪槐 *Styphnolobium japonicum* 'Pendula'

科属：豆科，槐属。

形态特征：是槐的栽培品种，枝和小枝均下垂，并向不同方向弯曲盘旋，形似龙爪，易与其他类型相区别（图6-57）。

园林应用：树形、叶、花供观赏，姿态优美，是优良的园林树种，通常用嫁接的方法繁殖。

树形　　　　　　　　　　　　　　　枝叶

枝干　　　　　　　　　　　　　　　叶

图 6-57　龙爪槐

五十八、朴树 *Celtis sinensis* Pers.

科属：大麻科，朴属。

形态特征：高大落叶乔木，高达 20 m；一年生枝密被柔毛，芽鳞无毛；叶卵形或卵状椭圆形，先端尖或渐尖，基部近对称或稍偏斜，近全缘或中上部具圆齿；果单生叶腋，近球形，成熟时黄或橙黄色，具果柄；果核近球形，白色；花期 3—4 月，果期 9—10 月（图 6-58）。

园林应用：朴树是优良行道树品种，主要用于绿化道路，栽植在公园或小区作为景观树等。在园林中孤植于草坪或旷地，或列植于街道两旁，尤为雄伟壮观，又因其对多种有毒气体抗性较强，也有较强的吸滞粉尘的能力，常被用于城市及工矿区。

树形

叶

树干

图6-58 朴树

五十九、榆树 *Ulmus pumila* L.

科属：榆科，榆属。

形态特征：落叶乔木，在干瘠之地长成灌木状；叶椭圆状卵形、长卵形、椭圆状披针形或卵状披针形，先端渐尖或长渐尖，基部偏斜或近对称，一侧楔形至圆，另一侧圆至半心脏形，叶面平滑无毛，叶背幼时有短柔毛，后变无毛或部分脉腋有簇生毛，边缘具重锯齿或单锯齿；花先叶开放，在去年生枝的叶腋呈簇生状；翅果近圆形，稀倒卵状圆形（图 6-59）。

园林应用：树干通直，树形高大，绿荫较浓，适应性强，生长快，是城市绿化、行道树、庭荫树、工厂绿化、营造防护林的重要树种。在干瘠、严寒之地常呈灌木状，有用作绿篱者。

枝干 叶

图6-59　榆树

六十、柠檬 *Citrus × limon* (Linnaeus) Osbeck

科属：芸香科，柑橘属。

形态特征：小乔木，枝少刺或近于无刺；嫩叶及花芽暗紫红色，叶片厚纸质，卵形或椭圆形；单花腋生或少花簇生；果椭圆形或卵形，果皮厚，通常粗糙，柠檬黄色，果汁酸至甚酸；种子小，卵形，端尖，种皮平滑，子叶乳白色，通常单或兼有多胚；花期4—5月，果期9—11月（图6-60）。

园林应用：柠檬树枝叶芳香，其果实柠檬更是人们日常饮食中的重要材料，其香味沁人心脾，具有较大食用和医用价值，同时柠檬也可在园林景观中作观叶、观果之用。

果实

树形 叶

图6-60　柠檬

六十一、黑壳楠 *Lindera megaphylla* Hemsl.

科属：樟科，山胡椒属。

形态特征：常绿乔木；小枝粗圆，紫黑色，无毛，疏被皮孔；顶芽卵圆形，芽鳞被白色微柔毛；叶集生桂顶，倒披针形或倒卵状长圆形，稀长卵形；伞形花序多花，花序梗密被黄褐色或近锈色微柔毛；果椭圆形或卵圆形；花期2—4月，果期9—12月（图6-61）。

园林应用：黑壳楠四季常青，树干通直，树冠圆整，枝叶浓密，青翠葱郁，秋季黑色的果实如繁星般点缀于绿叶丛中，观赏效果好，是有发展潜力的园林绿化树种。

树形　　　　　　　　　　　　　　枝干

图6-61　黑壳楠

六十二、楠木 *Phoebe zhennan* S. Lee et F. N. Wei

科属：樟科，楠属。

形态特征：大乔木，高达30 m；小枝被黄褐或灰褐色柔毛；叶革质，椭圆形，少为披针形或倒披针形，先端渐尖，尖头直或呈镰状，基部楔形，最末端钝或尖，上面光亮无毛或沿中脉下半部有柔毛，下面密被短柔毛，脉上被长柔毛，叶柄细、被毛；聚伞状圆锥花序；果椭圆形；花期4—5月，果期9—10月（图6-62）。

园林应用：楠木以其材质优良、用途广泛而著称于世，是楠属中经济价值最高的树种，又是著名的庭园观赏和城市绿化树种。树干高大端直，树冠雄伟，宜作庭荫树及风景树用，在园林绿化及寺庙中常见栽植。

树形	嫩叶
树干	枝叶

图6-62　楠木

六十三、天竺桂 *Cinnamomum japonicum* Sieb.

　　科属：樟科，樟属。

　　形态特征：乔木；叶卵状长圆形或长圆状披针形，长 7~10 cm，先端尖或渐尖，基部宽楔形或近圆，两面无毛，离基三出脉；叶柄长达 1.5 cm，带红褐色，无毛；花序梗与序轴均无毛，花被片卵形，外面无毛，内面被柔毛，能育雄蕊长约 3 mm，花丝被柔毛；果长圆形，果托浅波状，全缘或具圆齿；花期 4—5 月，果期 7—9 月（图 6-63）。

　　园林应用：天竺桂由于其长势强、树冠扩展快，并能露地过冬，加上树姿优美、抗污染、观赏价值高、病虫害很少的特点，常被用作行道树或庭园树种栽培，同时，也用作造林栽培。

树形 枝叶

图6-63 天竺桂

六十四、银木 *Cinnamomum septentrionale* Hand.-Mazz.

科属：樟科，樟属。

形态特征：中至大乔木；枝条稍粗壮，具棱，被白色绢毛；芽卵珠形，芽鳞先端微凹，具小突尖，被白色绢毛；叶互生，椭圆形或椭圆状倒披针形，先端短渐尖，基部楔形，近革质，上面被短柔毛，下面尤其是在脉上明显被白色绢毛，羽状脉，侧脉每边约4条，弧曲上升，在叶缘之内消失，与中脉两面凸起，侧脉脉腋在上面微凸起下面呈浅窝穴状，横脉两面多少明显，细脉网结状；果球形，无毛（图6-64）。

园林应用：银木终年常绿，树干端直挺拔，冠形丰满，浓荫蔽日，观赏性高、适应性强，是极好的城市绿化树种，在园林景观设计中的应用广泛，是著名的庭园观赏和城市绿化树种。

树形 枝叶

图6-64 银木

六十五、樟 *Cinnamomum camphora* (L.) Presl

科属：樟科，樟属。

形态特征：乔木；树皮黄褐色，具不规则纵裂；小枝无毛；叶卵状椭圆形，先端骤尖，基部宽楔形或近圆，两面无毛或下面初稍被微柔毛，边缘有时呈微波状，离基三出脉，侧脉及支脉脉腋具腺窝；圆锥花序，具多花，花序梗与序轴均无毛或被灰白或黄褐色微柔毛，节上毛较密；果卵圆形或近球形；花期4—5月，果期8—11月（图6-65）。

园林应用：樟树种枝叶茂密，冠大荫浓，树姿雄伟，能吸烟滞尘、涵养水源、固土防沙和美化环境，是城市绿化的优良树种，广泛作为庭荫树、行道树、防护林及风景林，常用于园林观赏，可配植池畔、水边、山坡等，在草地中丛植、群植、孤植或作为背景树。

叶

枝叶

树形

树干

图6-65 樟

六十六、蒲葵 *Livistona chinensis* (Jacq.) R. Br.

科属：棕榈科，蒲葵属。

形态特征：乔木；叶宽肾状扇形，径达 1 m，掌状深裂至中部，裂片线状披针形，宽 1.8~2 cm，2 深裂，长达 50 cm，先端裂成 2 丝状下垂小裂片，两面绿色；叶柄长 1~2 m，下部两侧有下弯黄绿或淡褐色短刺；肉穗圆锥花序，腋生；核果椭圆形，黑褐色；种子椭圆形；花果期 4 月（图 6-66）。

园林应用：蒲葵四季常青，树冠伞形，叶大如扇，是热带、亚热带地区重要绿化树种，常列植置景，夏日浓荫蔽日，一派热带风光。

株形　　　　　　　　　　　　　树干基部

叶　　　　　　　　　　　　　　果实

图6-66　蒲葵

第二节　灌　木

一、猫儿刺 *Ilex pernyi* Franch.

科属：冬青科，冬青属。

形态特征：灌木；基部常有主秆，多分枝；皮灰褐色，有光泽，小枝细长有条棱；偶数假掌状复叶，倒卵状披针形，顶有针尖，基部截形或近圆形，边缘具深波状刺齿 1~3 对，叶面深绿色，具光泽，背面淡绿色，两面均无毛，中脉在叶面凹陷，在近基部被微柔毛，背面隆起；花蝶形，黄色；花期 4—5 月，果期 10—11 月（图 6-67）。

园林应用：常绿灌木，其叶片的颜色浓绿且有光泽，在秋冬季节，果实红色，极具观赏价值，可用作城市的绿化植物，同时也是制作盆景的好材料。

树形　　　　　　　　　　　　　　　　　　叶

图6-67　猫儿刺

二、杜鹃 *Rhododendron simsii* Planch.

科属：杜鹃花科，杜鹃属。

形态特征：落叶灌木；枝被亮棕色扁平糙伏毛；叶卵形、椭圆形或卵状椭圆形，具细齿；花簇生枝顶，花萼 5 深裂，花冠漏斗状，玫瑰、鲜红或深红色，5 裂，裂片上部有深色斑点；蒴果卵圆形，有宿萼；花期 4—5 月，果期 6—8 月（图 6-68）。

园林应用：杜鹃枝叶繁茂，绮丽多姿，萌发力强，根桩奇特，是优良的盆景材料，也是花篱的良好材料，在园林中最宜在林缘、溪边、池畔及岩石旁成丛成片栽植，也可于疏林下散植，也适合栽种在庭园中作为矮墙或屏障。

树形   花

图6-68 杜鹃

三、海桐 *Pittosporum tobira* (Thunb.) Ait.

科属：海桐科，海桐属。

形态特征：常绿灌木或小乔木，嫩枝被褐色柔毛，有皮孔；叶聚生于枝顶，二年生，革质，倒卵形或倒卵状披针形，上面深绿色，发亮，先端圆形或钝；伞形或伞房花序顶生，密被褐色柔毛，花白色，有香气，后黄色；蒴果球形，有棱或三角状；种子多数，红色（图 6-69）。

园林应用：通常可作绿篱栽植，也可孤植，丛植于草丛边缘、林缘或门旁，或列植在路边。因为其有抗海潮及有毒气体能力，故又为海岸防潮林、防风林及矿区绿化的重要树种，并宜作城市隔噪声和防火林带的下木。

树形   果实

花   枝干

图6-69 海桐

四、绣球 *Hydrangea macrophylla* (Thunb.) Ser.

科属：绣球花科，绣球属。

形态特征：灌木；茎常于基部发出多数放射枝而形成一圆形灌丛；枝圆柱形；叶纸质或近革质，倒卵形或阔椭圆形；伞房状聚伞花序近球形，具短的总花梗，花密集，粉红色、淡蓝色或白色，花瓣长圆形；幼果陀螺状；花期 6—8 月（图 6-70）。

园林应用：绣球花花形丰满，大而美丽，其花色能红能蓝，令人悦目怡神，是常见的盆栽观赏花木。中国栽培绣球的时间较早，在明清时期建造的江南园林中都栽有绣球。绣球在许多现代公园和风景区都已成片栽植，形成特色植物景观。

花　　　　　　　　　　　　　　　　　　　　形态

图6-70　绣球

五、金边黄杨 *Euonymus japonicus* 'Aurea-marginatus' Hort.

科属：卫矛科，卫矛属。

形态特征：常绿灌木；小枝四棱，具细微皱突；叶革质，有光泽，倒卵形或椭圆形，叶片有较宽的黄色边缘；聚伞花序，花白绿色，花瓣近卵圆形；蒴果近球状，淡红色；种子顶生，椭圆状，假种皮橘红色，全包种子（图 6-71）。

园林应用：金边黄杨叶片嫩绿洁净，清丽幽雅，是较为理想的绿篱和盆景材料，常用于门庭和中心花坛布置，也可作盆栽观赏，是较好的园林绿化彩色观叶灌木。

树形

叶

树干

图6-71　金边黄杨

六、大叶黄杨 *Buxus megistophylla* Lévl.

科属：黄杨科，黄杨属。

形态特征：灌木或小乔木；小枝四棱形（或在末梢的小枝亚圆柱形，具钝棱和纵沟），光滑、无毛；叶革质，窄卵形、卵状椭圆形或披针形，先端渐尖，有时稍钝，基部楔形或宽楔形，上面中脉凸起，被微毛或无毛，侧脉多而密；叶柄长 2~3 mm，被微毛；花序短穗状，腋生，具花约 10 朵；蒴果近球形；花期 3—4 月，果期 6—7 月（图 6-72）。

园林应用：大叶黄杨是优良的园林绿化树种，可用作绿篱或植物组团背景材料，也可单株或组合团状栽植在花境内。

叶

树形　　　　　　　　　　　　　　　　树干

图6-72　大叶黄杨

七、雀舌黄杨 *Buxus bodinieri* Lévl.

科属：黄杨科，黄杨属。

形态特征：灌木；枝圆柱形；小枝四棱形，被短柔毛，后变无毛；叶薄革质，通常匙形，亦有狭卵形或倒卵形，叶面绿色，光亮，叶背苍灰色，中脉两面凸出，侧脉极多，在两面或仅叶面显著；花序腋生，头状，花密集，苞片卵形，背面无毛，或有短柔毛，雄花；蒴果卵形，宿存花柱直立；花期2月，果期5—8月（图6-73）。

园林应用：雀舌黄杨枝叶繁茂，叶形别致，四季常青，常用于绿篱、花坛和盆栽，修剪成各种形状，是点缀小庭院及城市绿地的好材料。

| 树形 | 枝叶 |

图6-73 雀舌黄杨

八、红花檵木 *Loropetalum chinense* var. *rubrum* Yieh

科属：金缕梅科，檵木属。

形态特征：常绿灌木或小乔木；树皮暗灰或浅灰褐色，多分枝；嫩枝红褐色，密被星状毛；叶革质互生，卵圆形或椭圆形，先端短尖，基部圆而偏斜，不对称，两面均有星状毛，全缘，暗红色；花瓣紫红色线形，紫红色；蒴果褐色，近卵形；果期8月（图6-74）。

园林应用：彩叶观赏植物，生态适应性强，耐修剪，易造型，广泛用于色篱、模纹花坛、灌木球、彩叶小乔木、桩景造型、盆景等城市绿化、美化。

| 树形 | 枝叶 |

图6-74 红花檵木

九、朱槿 *Hibiscus rosa-sinensis* L.

科属：锦葵科，木槿属。

形态特征：常绿灌木；小枝圆柱形，疏被星状柔毛。叶阔卵形或狭卵形，先端渐尖，基部圆形或楔形，边缘具粗齿或缺刻，两面除背面沿脉上有少许疏毛外均无毛；叶柄，上面被长柔毛；托叶线形，被毛；花期全年（图6-75）。

园林应用：朱槿为美丽的观赏花木，花大色艳，花期长，除红色外，还有粉红、橙黄、黄、粉边红心及白色等不同品种；除单瓣外，还有重瓣品种。盆栽朱槿是布置节日公园、花坛、宾馆、会场及家庭养花的较好花木之一。

花

叶

图6-75 朱槿

十、蜡梅 *Chimonanthus praecox* (L.) Link

科属：蜡梅科，蜡梅属。

形态特征：落叶灌木，高达4 m；幼枝四方形，老枝近圆柱形，灰褐色，无毛或被疏微毛，有皮孔；鳞芽通常着生于第二年生的枝条叶腋内，芽鳞片近圆形，覆瓦状排列，外面被短柔毛；花期11月至翌年3月，果期4—11月（图6-76）。

园林应用：蜡梅是具有中国园林特色的冬季典型花卉，一般可以自然式孤植、对植、丛植、列植、林植，或配植于园林建筑物入口处、厅前、亭周、窗前屋后、墙隅、斜坡、草坪、水畔、路旁等。

树形

花

果实

图6-76 蜡梅

十一、蓝花丹 *Plumbago auriculata* Lam.

科属：白花丹科，白花丹属。

形态特征：常绿亚灌木；高约 1 m，多分枝，上端常蔓状；叶薄，菱状卵形、椭圆状卵形或椭圆形，先端钝，具短尖头，稀凹，基部楔形；上部叶的叶柄基部常耳状；穗形总状花序具 18~30 花，连同枝条上部密被茸毛，花冠淡蓝色，花药蓝色；花期 12 月至翌年 4 月和 6—9 月（图 6-77）。

园林应用：茎秆矮壮，姿态优美，在园林绿化、美化中，是一种少见的淡蓝色花卉。特别是当其盛开在炎热的夏天时，给人清凉的感觉，是备受人们喜爱的夏季花卉，宜植于花坛、草坪；枝条顶端簇生繁星似的鲜艳小花，远远望去，淡蓝色的鲜花状若蓝英，清新淡雅。

形态　　　　　　　　　　　　　　　　　花

图6-77　蓝花丹

十二、灰莉 *Fagraea ceilanica* Thunb.

科属：龙胆科，灰莉属。

形态特征：乔木或攀缘灌木状；树皮灰色，全株无毛；小枝粗圆，老枝具凸起叶痕及托叶痕；叶稍肉质，椭圆形、倒卵形或卵形；花单生或为顶生二歧聚伞花序；浆果卵圆形或近球形，具尖喙，基部具宿萼；种子椭圆状肾形；花期 4—8 月，果期 7 月至翌年 3 月（图6-78）。

园林应用：灰莉花形大、芳香，长势良好，枝繁叶茂，树形优美，叶片近肉质，叶色浓绿有光泽，终年青翠碧绿，是优良的庭园、室内观叶植物。

叶

树形　　　　　　　　　　　　　　　　　　　枝干

图6-78　灰莉

十三、含笑花 *Michelia figo* (Lour.) Spreng.

科属：木兰科，含笑属。

形态特征：常绿灌木，高 2~3 m，树皮灰褐色，分枝繁密；芽、嫩枝、叶柄、花梗均密被黄褐色茸毛；叶革质，狭椭圆形或倒卵状椭圆形，先端钝短尖，基部楔形或阔楔形，上面有光泽，无毛，下面中脉上留有褐色平伏毛，余脱落无毛，托叶痕长达叶柄顶端；花期 3—5 月，果期 7—8 月（图 6-79）。

园林应用：以盆栽为主，庭园造景次之。在园艺用途上通常栽植株高为 2~3 m 的小型含笑花灌木，作为庭园中备供观赏暨散发香气之植物，当花苞膨大而外苞行将裂解脱落时，所采摘含笑花气味最为香浓。

树形

枝叶

花

图6-79 含笑

十四、小蜡 *Ligustrum sinense* Lour.

科属：木樨科，女贞属。

形态特征：落叶灌木或小乔木；幼枝被黄色柔毛，老时近无毛；叶纸质或薄革质，卵形、长圆形或披针形；花序塔形，花序轴被较密黄色柔毛或近无毛；基部有叶果，近球形；花期5—6月，果期9—12月（图6-80）。

园林应用：最适宜作绿篱、绿墙和隐蔽遮挡作绿屏。在规则式布局的庭园中，可整形成各种几何图形，作模纹花坛材料；也可数株一丛，修成圆球形或其他形状；对植于庭门、入口两侧及路边，亦甚协调美观；配植在树丛、林缘、溪边、池畔无不相宜。

花

枝叶

图6-80 小蜡

十五、小叶女贞 *Ligustrum quihoui* Carr.

科属：木樨科，女贞属。

形态特征：小叶女贞是落叶灌木；小枝淡棕色，圆柱形，密被微柔毛，后脱落；叶片薄革质，披针形、长圆状椭圆形、椭圆形、倒卵状长圆形至倒披针形或倒卵形，先端锐尖、钝或微凹，基部狭楔形至楔形，叶缘反卷，正面深绿色，背面淡绿色，常具腺点，两面无毛，叶柄无毛或被微柔毛；圆锥花序顶生；果倒卵圆形、椭圆形或近球形，成熟时黑紫色（图6-81）。

园林应用：主要作绿篱栽植；其枝叶紧密、圆整，庭院中常栽植观赏；抗多种有毒气体，是优良的抗污染树种；为园林绿化中重要的绿篱材料，亦可作桂花、丁香等树的砧木。

树形

果实

叶

图6-81 小叶女贞

十六、金叶女贞 *Ligustrum* × *vicaryi* Rehder

科属：木樨科，女贞属。

形态特征：落叶灌木；株高 2~3 m；其嫩枝带有短毛；总状花序，花为两性，呈筒状白色小花；核果椭圆形，内含一粒种子，黑紫色；花期 5—6 月，果期 10 月（图 6-82）。

园林应用：由美国加利福尼亚州的金边女贞与欧洲女贞树种杂交而成，耐修剪，是重要的绿篱和模纹花坛材料，常与紫叶小檗、黄杨、龙柏等搭配使用；也常用于绿地广场的组字，还可以用于小庭院装饰。

枝叶①

枝叶②

图6-82　金叶女贞

十七、迎春花 *Jasminum nudiflorum* Lindl.

科属：木樨科，素馨属。

形态特征：迎春花属落叶灌木植物；直立或匍匐，高 0.3~5.0 m，枝条下垂；枝梢扭曲，光滑无毛，小枝四棱形，棱上多少具狭翼；花单生于去年生小枝叶腋，苞片小叶状，花萼绿色，裂片 5~6、窄披针形，花冠黄色、径 2.0~2.5 cm、裂片 5~6、椭圆形；果椭圆形，长0.8~2.0 cm；花期 6 月（图 6-83）。

园林应用：园林绿化中宜配植在湖边、溪畔、桥头、墙隅，在草坪、林缘、坡地、房屋周围也可栽植，可供早春观花。

树形

花

枝叶

图6-83　迎春花

十八、栀子 *Gardenia jasminoides* Ellis

科属：茜草科，栀子属。

形态特征：灌木，高 0.3~3.0 m；嫩枝常被短毛，枝圆柱形，灰色；叶对生，革质，稀为纸质，少为 3 枚轮生，叶形多样，通常为长圆状披针形、倒卵状长圆形、倒卵形或椭圆形；花芳香，单朵生于枝顶，萼筒宿存；花冠白或乳黄色，高脚碟状；果卵形、近球形、椭圆形或长圆形，黄或橙红色，有翅状纵棱 5~9；种子多数，近圆形（图 6-84）。

园林应用：栀子花叶色四季常绿，花芳香素雅，绿叶白花，格外清丽可爱，适用于阶前、池畔和路旁配置，也可用作花篱和盆栽观赏，花还可做插花和佩戴装饰。

树形   花

叶   树枝

图6-84　栀子

十九、粉团蔷薇 *Rosa multiflora* var. *cathayensis* Rehd.et Wils.

科属：蔷薇科，蔷薇属。

形态特征：攀缘灌木；小枝圆柱形，通常无毛；小叶倒卵形、长圆形或卵形，边缘有尖锐单锯齿，上面无毛，下面有柔毛；花多朵，排成圆锥状花序；果近球形，红褐色或紫褐色，有光泽，无毛；花期一般为每年的 5—9 月（图 6-85）。

园林应用：粉团蔷薇是蔷薇植物的栽培品种，在中国有悠久的栽培历史。其色、香、形俱佳，具有极高的观赏价值和园林应用潜力。华北常见栽培作绿篱、护坡及棚架绿化材料。

树形　　　　　　　　　　　　　　　　花

图6-85　蔷薇花

二十、玫瑰 *Rosa rugosa* Thunb.

科属：蔷薇科，蔷薇属。

形态特征：直立灌木；高可达 2 m；茎粗壮，丛生；小枝密被茸毛，并有针刺和腺毛，有直立或弯曲、淡黄色的皮刺，皮刺外被茸毛；小叶椭圆形或椭圆状倒卵形，有尖锐锯齿，上面无毛，叶脉下陷，有褶皱，密被茸毛和腺毛；叶柄和叶轴密被茸毛和腺毛；蔷薇果扁球形，熟时砖红色，肉质，平滑；花期 5—6 月，果期 8—9 月（图 6-86）。

园林应用：适用于作花篱，也是街道庭院园林绿化、花径、花坛及百花园材料，可点缀广场草地、堤岸、花池，成片栽植。

花　　　　　　　　　　　　　　　　叶

图6-86　玫瑰

二十一、月季花 *Rosa chinensis* Jacq.

科属：蔷薇科，蔷薇属。

形态特征：直立灌木；高 1~2 m；小枝粗壮，圆柱形，近无毛，有短粗的钩状皮刺；小叶宽卵形或卵状长圆形，有锐锯齿，两面近无毛，上面暗绿色，常带光泽，下面颜色较浅；花几朵集生，稀单生；蔷薇果卵圆形或梨形，熟时红色；花期 4—9 月，果期 6—11 月（图 6-87）。

园林应用：月季花是春季主要的观赏花卉，其花期长，观赏价值高，价格低廉，受到各地人民的喜爱，可用于园林布置花坛、花境，作庭院花材，也可制作月季盆景，及做切花、花篮、花束等。

花　　　　　　　　　　　　　　　　叶

图6-87　月季花

二十二、木香花 *Rosa banksiae* Ait.

科属：蔷薇科，蔷薇属。

形态特征：攀缘小灌木；高可达 6 m；小枝圆柱形，无毛，有短小皮刺；老枝上的皮刺较大，坚硬；小叶 3~5，稀 7，椭圆状卵形或长圆状披针形，有紧贴细锯齿，上面无毛，下面淡绿色，小叶柄和叶轴有稀疏柔毛和散生小皮刺，托叶线状披针形、膜质、离生、早落；花小形，多朵集成伞形花序（图 6-88）。

园林应用：是极好的垂直绿化材料，适用于布置花柱、花架、花廊和墙垣，也是作绿篱的良好材料，非常适合家庭种植。

花

树形　　　　　　　　　　　　　　　　叶

图6-88　木香花

二十三、红叶石楠 *Photinia × fraseri* Dress

科属：蔷薇科，石楠属。

形态特征：常绿灌木或小乔木；高达4~6 m；小枝灰褐色，无毛；叶互生，长椭圆形或倒卵状椭圆形，长9~22 cm，宽3~6.5 cm，边缘有疏生腺齿，无毛；复伞房花序顶生，花白色，径6~8 mm；果球形，径5~6 mm，红色或褐紫色（图6-89）。

园林应用：枝繁叶茂，树冠圆球形，早春嫩叶绛红，初夏白花点点，秋末累累赤实，冬季老叶常绿，园林观赏价值高。其新梢和嫩叶鲜红且持久，艳丽夺目，果序亦为红色，秋冬季节，红绿相间，极具观赏价值，是绿化树种中不可多得的观叶彩叶树种。

树形　　　　　　　　　　　　　　　　　　　叶

图6-89　红叶石楠

二十四、火棘 *Pyracantha fortuneana* (Maxim.) Li

科属：蔷薇科，火棘属。

形态特征：常绿灌木；高达3 m；侧枝短，先端刺状，幼时被锈色短柔毛，后无毛；叶倒卵形或倒卵状长圆形，先端圆钝或微凹，有时具短尖头，基部楔形，下延至叶柄，有钝锯齿；复伞房花序，被丝托钟状，萼片三角状卵形，花瓣白色，近圆形；果近球形，橘红或深红色；花期3—5月，果期8—11月（图6-90）。

园林应用：因其适应性强、耐修剪、喜萌发，作绿篱具有优势。火棘作为球形布置可以采取拼栽、截枝、放枝及修剪整形的手法，错落有致地栽植于草坪之上或缀于庭园深处。此外，火棘在风景林地的配植可以体现自然野趣。

树形

花

枝叶

图6-90　火棘

二十五、贴梗海棠 *Chaenomeles speciosa* (Sweet) Nakai

科属：蔷薇科，木瓜海棠属。

形态特征：灌木或小乔木；高5~10 m；树皮呈片状脱落；小枝无刺，圆柱形，幼时被柔毛，不久即脱落，紫红色，二年生枝无毛，紫褐色；冬芽半圆形，先端圆钝，无毛，紫褐色；花先叶开放，花瓣猩红色，稀淡红或白色，倒卵形或近圆形，基部下延成短爪；果球形或卵球形，黄或带红色（图6-91）。

园林应用：在公园、庭院、校园、广场等道路两侧可栽植，亭亭玉立，花果繁茂，效果甚佳。

树形

花

枝叶

图6-91 皱皮木瓜

二十六、忍冬 *Lonicera japonica* Thunb.

科属：忍冬科，忍冬属。

形态特征：半常绿缠绕灌本；幼枝洁红褐色，密被黄褐色、开展的硬直糙毛、腺毛和短柔毛，下部常无毛；叶纸质，卵形至矩圆状卵形；总花梗通常单生于小枝上部叶腋，花冠白色，唇形；果实圆形，熟时蓝黑色，有光泽；种子卵圆形或椭圆形，褐色；花期4—6月（秋季亦常开花），果熟期10—11月（图6-92）。

园林应用：在园林中，常将忍冬丛植于草坪、山坡、林缘、路边或点缀于建筑周围，观花赏果两相宜。忍冬长势旺盛，枝叶丰满，初夏开花，芳香，秋季红果点缀枝头，是良好的观赏灌木。

树形　　　　　　　　　　　　　　　花

图6-92　忍冬

二十七、日本珊瑚树 *Viburnum awabuki* K. Koch

科属：五福花科，荚蒾属。

形态特征：常绿灌木或小乔木；叶倒卵状矩圆形至矩圆形，很少倒卵形，顶端钝或急狭而钝头，基部宽楔形，边缘常有较规则的波状浅钝锯齿，侧脉6~8对；圆锥花序通常生于具两对叶的幼枝顶；果核通常倒卵圆形至倒卵状椭圆形，其他性状同珊瑚树；花期5—6月，果期9—10月（图6-93）。

园林应用：其根系发达，萌芽力强，耐修剪，易整形，是一种理想的园林绿化树种，对煤烟和有毒气体具有较强的抗性和吸收能力，尤其适合于城市作绿篱、绿墙或园景丛植，是机场、高速路、居民区绿化、厂区绿化、防护林带、庭院绿化的优选树种。

花

枝叶

树形

图6-93　日本珊瑚树

二十八、花叶青木 *Aucuba japonica* var. *variegata*

科属：丝缨花科，桃叶珊瑚属。

形态特征：本变种的叶片有大小不等的黄色或淡黄色斑点，易与原变种区别；常绿灌木；小枝对生，叶革质，叶片卵状椭圆形或长圆状椭圆形，叶面光亮，具黄色斑纹，叶柄腹部具沟，无毛；圆锥花序顶生；花瓣紫红色或暗紫色；果长卵圆形，成熟时暗紫色或黑色；花期3—4月；果期至翌年4月（图6-94）。

园林应用：其枝繁叶茂，凌冬不凋，是珍贵的耐阴灌木，宜配植于门庭两侧树下、庭院墙隅、池畔湖边和溪流林下；若配植于假山上，作花灌木的陪衬，或作树丛林缘的下层基调树种，亦甚协调得体；可盆栽，其枝叶常用于瓶插。

树形　　　　　　　　　　　　　　　　　　枝叶

图6-94　花叶青木

二十九、石榴 *Punica granatum* L.

科属：千屈菜科，石榴属。

形态特征：落叶灌木或小乔木，在热带是常绿树；树冠丛状自然圆头形；树根黄褐色，生长强健，根际易生根蘖；叶通常对生，长圆状披针形，端短尖、钝尖或微凹，基部尖或稍钝，上面光亮；花两性，有钟状花和筒状花之别；浆果近球形，通常淡黄褐或淡黄绿色；种子多数，钝角形，肉质外种皮淡红色至乳白色；花期5—7月，果期9—10月（图6-95）。

园林应用：孤植或丛植于庭院、游园之角；对植于门庭出口；列植于小道、溪旁、坡地、建筑物之旁，也宜做成各种桩景和供瓶插花观赏，是观花观果的观赏树种。

树形　　　　　　　　　　　　　　　　　果

花

图6-95　石榴

三十、苏铁 *Cycas revoluta* Thunb.

科属：苏铁科，苏铁属。

形态特征：常绿小灌木；树干高约 2 m，稀达 8 m 或更高，圆柱形；有明显螺旋状排列的菱形叶柄残痕；羽状叶从茎的顶部生出，下层的向下弯，上层的斜上伸展，整个羽状叶的轮廓呈倒卵状狭披针形，条形，厚革质，坚硬，边缘显著地向下反卷；种子红褐色或橘红色，倒卵圆形或卵圆形，稍扁，密生灰黄色短茸毛，后渐脱落；花期 6—7 月，种子 10 月成熟（图 6-96）。

园林应用：四季常青，为珍贵观赏树种，南方多植于庭前阶旁及草坪内；北方宜作大型盆栽，布置庭院屋廊及厅室，殊为美观。

树形

雄花

图6-96　苏铁

三十一、金丝桃 *Hypericum monogynum* L.

科属：金丝桃科，金丝桃属。

形态特征：灌木；高 0.5~1.3 m；丛状，通常有疏生的开张枝条；茎红色；叶对生，无柄或具短柄，叶片倒披针形或椭圆形至长圆形，先端锐尖至圆形，通常具细小尖突，基部楔形至圆形，边缘平坦，坚纸质，上面绿色，下面淡绿但不呈灰白色；蒴果宽卵珠形；种子深红褐色，圆柱形，有狭的龙骨状突起；花期 5—8 月，果期 8—9 月（图 6-97）。

园林应用：金丝桃花叶秀丽，是南方庭院的常用观赏花木。可植于林荫树下，或者庭院角隅等。该植物的果实为常用的鲜切花材——"红豆"，常用于制作胸花、腕花。

枝叶

花

图6-97　金丝桃

三十二、龟背竹 *Monstera deliciosa* Liebm.

科属：天南星科，龟背竹属。

形态特征：攀缘灌木；茎绿色，粗壮，有苍白色的半月形叶迹，周延为环状，余光滑，具气生根；叶柄绿色，腹面扁平，背面钝圆，粗糙，边缘尖锐，基部甚宽，叶片大，轮廓心状卵形，厚革质，表面发亮、淡绿色，背面绿白色，边缘羽状分裂；佛焰苞厚革质，宽卵形，舟状，近直立，先端具喙；肉穗花序近圆柱形，淡黄色；浆果淡黄色；花期 8—9 月，果于翌年花期之后成熟（图 6-98）。

园林应用：龟背竹叶形奇特，常年碧绿，孔裂状纹，极像龟背。茎节粗壮，又似罗汉竹，深褐色气生根，纵横交差，形如电线。其极为耐阴，是室内大型盆栽观叶植物。

图6-98　龟背竹（叶）

三十三、八角金盘 *Fatsia japonica* (Thunb.) Decne. et Planch.

科属：五加科，八角金盘属。

形态特征：常绿灌木或小乔木；茎光滑无刺；叶片大，革质，近圆形，裂片长椭圆状卵形，先端短渐尖，基部心形，边缘有疏离粗锯齿，上表面色较深，下表面色较浅，有粒状突起，边缘有时呈金黄色；侧脉在两面隆起，网脉在下面稍显著；圆锥花序顶生；果实近球形，熟时黑色；花期 10—11 月，果期翌年 4 月（图 6-99）。

园林应用：八角金盘是优良的观叶植物，四季常青，叶片硕大，叶形优美，浓绿光亮，是深受欢迎的室内观叶植物。

枝叶①

树形　　　　　　　　　　　　　　枝叶②

图6-99　八角金盘

三十四、鹅掌柴 *Schefflera heptaphylla* (L.) Frodin

科属：五加科，鹅掌柴属。

形态特征：常绿灌木；高约7 m；小枝粗壮，疏生星状茸毛，髓实心；叶有小叶7~8，小叶片纸质、长圆状披针形，中央的较大，两侧的较小，先端尾状渐尖，略呈镰刀状，基部钝形至圆形，干时上面棕色，下面淡棕色，两面均无毛，边缘全缘；圆锥花序顶生；果实球形，无毛；花期及果期10月（图6-100）。

园林应用：鹅掌柴四季常春，植株丰满优美，易于管理，是大型盆栽植物，适用于宾馆大厅、图书馆的阅览室和博物馆展厅摆放，呈现自然和谐的绿色景观；在春、夏、秋季也可放在庭院庇荫处和楼房阳台上观赏，可庭院孤植。其也是南方冬季的蜜源植物。

树形 叶

图6-100 鹅掌柴

三十五、鸳鸯茉莉 *Brunfelsia brasiliensis* (Spreng.) L. B. Smith et Downs

科属：茄科，鸳鸯茉莉属。

形态特征：常绿灌木；高 0.5~1.0 m；单叶互生，矩圆形或椭圆状矩形，先端渐尖，全缘；花单生或呈聚伞花序，高脚蝶状，初开时淡紫色，随后变成淡雪青色，再后变成白色；浆果；花期4—9月（图 6-101）。

园林应用：春季花多而芳香，秋季开花较少；可布置花坛、花境或用于建筑物基础种植，还可以散点布置于公园草地，也可盆栽。

花、叶

叶 花枝

图6-101 鸳鸯茉莉

三十六、南天竹 *Nandina domestica* Thunb.

科属：小檗科，南天竹属。

形态特征：常绿小灌木；茎常丛生而少分枝；叶互生，集生于茎的上部，三回羽状复叶；圆锥花序直立，花小，白色，具芳香，花瓣长圆形；浆果球形，熟时鲜红色，稀橙红色；种子扁圆形；花期3—6月，果期5—11月（图6-102）。

园林应用：南天竹树干丛生，枝叶扶疏，清秀挺拔，秋冬时叶色变红，且红果累累，经久不落，为赏叶观果的优良树种，可植于山石旁、庭屋前或墙角阴处，也可丛植于林缘阴处与树下。

树形

花叶

图6-102　南天竹

三十七、十大功劳 *Mahonia fortunei* (Lindl.) Fedde

科属：小檗科，十大功劳属。

形态特征：灌木；高0.5~4.0 m；叶倒卵形至倒卵状披针形，具2~5对小叶，最下一对小叶外形与往上小叶相似，上面暗绿至深绿色，叶脉不显，背面淡黄色，偶稍苍白色，叶脉隆起，小叶无柄或近无柄，狭披针形至狭椭圆形，先端急尖或渐尖；总状花序，花黄色，花瓣长圆形；浆果球形，紫黑色，被白粉；花期7—9月，果期9—11月（图6-103）。

园林应用：十大功劳叶形奇特，典雅美观，盆栽植株可供室内陈设，因其耐阴性能良好，可长期在室内散射光条件下种植。

树形   叶

图6-103　十大功劳

三十八、棕竹 *Rhapis excelsa* (Thunb.) Henry ex Rehd.

科属：棕榈科，棕竹属。

形态特征：丛生灌木；高 2~3 m；茎圆柱形，有节，上部被叶鞘，但分解成稍松散的马尾状淡黑色粗糙而硬的网状纤维；叶掌状深裂，裂片 4~10，不均等，具 2~5 条肋脉，边缘及肋脉上具稍锐利的锯齿；总花序梗及分枝花序基部各有 1 枚佛焰苞包着，密被褐色弯卷茸毛；果实球状倒卵形；种子球形；花期 6—7 月（图 6-104）。

园林应用：棕竹为我国传统的优良盆栽观叶植物，株形紧密秀丽，叶色浓绿而有光泽，叶片铺散开张如扇，有热带棕榈的韵味，是很好的观叶植物，适宜配植廊隅、厅堂、会议室，或配植于窗前、路旁、花坛，均极为美观。

树形   叶

图6-104　棕竹

三十九、醉鱼草 *Buddleja lindleyana* Fort.

科属：玄参科，醉鱼草属。

形态特征：直立灌木；小枝 4 棱，具窄翅；叶对生，萌芽枝条上的叶为互生或近轮生，叶片膜质，卵形、椭圆形至长圆状披针形，顶端渐尖，基部宽楔形至圆形，边缘全缘或具有波状齿，上面深绿色，下面灰黄绿色；穗状聚伞花序顶生，花紫色，芳香；蒴果长圆形或椭圆形；种子小，淡褐色；花期 4—10 月，果期 8 月至翌年 4 月（图 6-105）。

园林应用：其适合栽植于坡地、桥头、墙根，或制作中型绿篱，或在空旷草地丛植。其中花序较短的类型经修剪整形后可盆栽观赏，自由摆放在庭园、广场、阳台和屋顶。不少品种可作为切花，用作插花材料。

花①

花②

形态

图6-105　醉鱼草

第三节　草　本

一、芭蕉 *Musa basjoo* Sieb. et Zucc.

科属：芭蕉科，芭蕉属。

形态特征：多年生草本植物；植株高 2.5~4.0 m；叶片长圆形，长 2~3 m，宽 25~30 cm，先端钝，基部圆形或不对称，叶面鲜绿色，有光泽，叶柄粗壮；花序顶生，下垂；浆果三棱状，长圆形，具 3~5 棱，近无柄，肉质，内具多数种子；种子黑色，具疣突及不规则棱角，宽 6~8 mm（图 6-106）。

园林应用：可在庭院、窗前、园门旁种植；"蕉窗夜雨"即是描绘我国古典庭园中夜雨轻打芭蕉的情景。盆栽芭蕉，旁配美石，再配以奏琴和听琴的泥人小配件，就可形成"蕉下听琴"的盆景。

株形　　　　　　　　　　　叶　　　　　　　　　　　果

图6-106　芭蕉

二、吊兰 *Chlorophytum comosum* (Thunb.) Baker

科属：百合科，吊兰属。

形态特征：常绿草本植物；根状茎平生或斜生，根肥厚；叶丛生，线形，叶细长，有绿色或黄色条纹；花茎从叶丛抽出，长成匍匐茎在顶端抽叶成簇，花白色，常 2~4 朵簇生，总状花序或圆锥花序偶然内部会出现紫色花瓣；蒴果三棱状扁球形；花期 5 月，果期 8 月（图 6-107）。

园林应用：吊兰枝条细长下垂，可供盆栽观赏，也是常用的地被植物。

株形　　　　　　　　　　　　　　叶

图6-107　吊兰

三、麦冬 *Ophiopogon japonicus* (L. f.) Ker-Gawl.

科属：百合科，沿阶草属。

形态特征：草本植物；根较粗，中间或近末端常膨大成椭圆形或纺锤形的小块根，淡褐黄色；地下走茎细长，节上具膜质的鞘，茎很短；叶基生成丛，禾叶状，边缘具细锯齿；总状花序具几朵至十几朵花；种子球形；花期5—8月，果期8—9月（图6-108）。

园林应用：麦冬适应性强，园林绿化应用前景广阔。银边麦冬、金边阔叶麦冬、黑麦冬等麦冬品种观赏价值高，既可以用作室外绿化，又可作室内盆栽。

叶　　　　　　　　　　　　　　株形

图6-108　麦冬

四、沿阶草（宽叶沿阶草）*Ophiopogon bodinieri* Levl.

科属：百合科，沿阶草属。

形态特征：草本植物；根纤细，近末端处有时具小块根；地下走茎长，节上具膜质的鞘，茎很短；叶基生成丛，禾叶状，先端渐尖，边缘具细锯齿；花葶较叶稍短或几等长，总状花序，具几朵至十几朵花，花常单生或2朵簇生于苞片腋内；种子近球形或椭圆形；花期6—8月，果期8—10月（图6-109）。

园林应用：沿阶草长势强健，耐阴性强，植株低矮，根系发达，覆盖较快，是一种良好的地被植物。叶色终年常绿，花葶直挺，花色淡雅，能作为盆栽观叶植物。

图6-109　沿阶草（株形）

科属：百合科，玉簪属。

形态特征：草本植物；根状茎粗厚；叶卵状心形、卵形或卵圆形，先端近渐尖，基部心形，侧脉 6~10 对；花葶高 40~80 cm，外苞片卵形或披针形，内苞片很小，花单生或 2~3 簇生，白色，芳香，雄蕊与花被近等长或略短；蒴果圆柱状，有 3 棱；花、果期 8—10 月（图6-110）。

园林应用：可用于树下作地被植物，或植于岩石园或建筑物北侧，也可在林缘、石头旁、水边种植，具有较高的观赏效果，常用于湿地及水岸边绿化。

株形	叶①
叶②	叶③

图6-110 玉簪

六、蜘蛛抱蛋 *Aspidistra elatior* Bulme

科属：百合科，蜘蛛抱蛋属。

形态特征：多年生长常绿宿根性草本植物；根状茎近圆柱形，具节和鳞片；叶单生，矩圆状披针形、披针形至近椭圆形，先端渐尖，基部楔形，边缘多少皱波状，因两面绿色浆果的外形似蜘蛛卵，露出土面的地下根茎似蜘蛛，故名"蜘蛛抱蛋"（图6-111）。

园林应用：叶形优美挺拔，同时长势强健，适应性强，极耐阴，是室内绿化装饰的优良喜阴观叶植物，可单独观赏，也可以和其他观花植物配合布置。

株形①　　　　　　　　　　　　　　　　　　株形②

图6-111　蜘蛛抱蛋

七、鄂报春 *Primula obconica* Hance

科属：报春花科，报春花属。

形态特征：多年生草本植物；根状茎粗短；叶卵圆形、椭圆形或矩圆形，上面近于无毛或被毛，毛极短，下面沿叶脉被多细胞柔毛；伞形花序，苞片线形至线状披针形，花萼杯状或阔钟状，裂片倒卵形；花异型或同型，雄蕊着生于冠筒中上部；蒴果球形；3—6月开花（图6-112）。

园林应用：各地广泛栽培，为常见的盆栽花卉。开花期长，常用于布置花坛、花境等。

叶　　　　　　　　　　　　　　　　　　　　花

株形

图6-112　鄂报春

八、五彩苏 *Coleus scutellarioides* (L.) Benth.

科属：唇形科，鞘蕊花属。

形态特征：直立或上升草本植物；茎通常紫色，四棱形，被微柔毛，具分枝；叶卵形，叶片小，长椭圆形，叶面无皱纹，叶色丰富，有红、粉、橙红、黄绿、白等彩纹；圆锥花序，被微柔毛，花冠紫或蓝色，被微柔毛；小坚果褐色，宽卵球形或球形（图6-113）。

园林应用：观叶类花卉，常用于花坛、会场、剧院布置图案，也可做花束的配叶。

叶   茎

图6-113　五彩苏

九、旱金莲 *Tropaeolum majus* L.

科属：旱金莲科，旱金莲属。

形态特征：蔓生一年生草植物；叶互生；叶柄向上扭曲，盾状，叶圆形，具波状浅缺刻，下面疏被毛或有乳点；花黄、紫、橘红或杂色；花托杯状，萼片长椭圆状披针形、基部合生，花瓣常圆形、边缘具缺刻，着生于距开口处；果扁球形（图6-114）。

园林应用：旱金莲叶肥花美，叶形如碗莲，花朵形态奇特，叶、花观赏价值高，可做盆栽装饰阳台、窗台或置于室内书桌、几架上观赏，也宜做切花。

花

茎   叶

图6-114　旱金莲

十、斑叶芒 *Miscanthus sinensis* 'Zebrinus'

科属：禾本科，芒属。

形态特征：多年生草本植物，丛生，暖季型；株高 1.7 m 左右，冠幅 60~80 cm；叶片有黄色不规则斑纹，非常亮丽；花黄色，花序紫红色；观赏期 5—11 月（图 6-115）。

园林应用：观赏性极佳，是优良的园林绿化用材，适合用于花坛、花境、岩石园，可作假山、湖边的背景材料，也是庭院水景装饰的良好材料。

株形　　　　　　　　　　　　　　　　　　叶

图6-115　斑叶芒

十一、花叶芦竹 *Arundo donax* 'Versicolor '

科属：禾本科，芦竹属。

形态特征：多年生草本植物，根状茎发达；高可达 6 m，坚韧，常生分枝；叶鞘长于节间，叶舌截平，叶片伸长，具白色纵长条纹长；圆锥花序极大型，分枝稠密；小穗含小花；颖果细小，黑色；花、果期 9—12 月（图 6-116）。

园林应用：庭园常引种，作观叶植物。

茎叶①

茎叶② 株形

图6-116 花叶芦竹

十二、狼尾草 *Pennisetum alopecuroides* (L.) Spreng.

科属：禾本科，狼尾草属。

形态特征：多年生草本植物；须根较粗壮；茎秆直立，丛生；叶鞘光滑，两侧压扁，主脉呈脊，秆上部者长于节间，叶舌具纤毛，叶片线形，先端长渐尖；圆锥花序直立；刚毛状小枝常呈紫色，小穗通常单生，偶有双生，线状披针形；雄蕊3，花柱基部联合；颖果长圆形（图6-117）。

园林应用：生命力强健，适应性广，适合种植于各类缺水区域；可做花境，或地被植物。

株形②

株形①   花

图6-117　狼尾草

十三、针茅 *Stipa capillata* L.

科属：禾本科，针茅属。

形态特征：多年生草本植物；秆直立，丛生，叶鞘平滑或稍糙涩，长于节间；叶舌披针形；叶片纵卷成线形，上面被微毛，下面粗糙；圆锥花序狭窄，几全部含藏于叶鞘内；小穗草黄或灰白色；颖尖披针形，先端细丝状；颖果纺锤形，腹沟甚浅；花果期6—8月（图6-118）。

园林应用：花境观赏草，具有优良的生态适应性和观赏价值。

株形②

株形①　　　　　　　　　　　　　　　　　　　株形③

图6-118　针茅

十四、蔓长春花 *Vinca major* L.

科属：夹竹桃科，蔓长春花属。

形态特征：草本植物；叶椭圆形、卵形或宽卵形，具睫毛；花梗长 3~5 cm；花萼裂片窄披针形，密被缘毛；花冠蓝紫色，裂片斜截形；花药短，扁平，顶端被微柔毛；蓇葖果平展；花期 3—5 月。花叶蔓长春花（*Vinca major* 'Variegata' Loud.）与原种的区别为其叶的边缘白色，有黄白色斑点（图 6-119）。

园林应用：蔓长春花是理想的彩叶地被植物，可植于林缘、林下或坡地作基础种植，也可布置花坛或作色块，也可用于立交桥上和花坛边缘的垂直绿化。花叶蔓长春花色彩亮丽，观赏性佳，适宜作盆栽，作室内绿化材料。

花

树形

茎叶

图6-119　蔓长春花

十五、艳山姜 *Alpinia zerumbet* (Pers.) Burtt. et Smith

科属：姜科，山姜属。

形态特征：多年生草本植物；叶片披针形，基部渐狭，边缘具短柔毛，两面均无毛；圆锥花序呈总状式，下垂，花序轴紫红色，分枝极短，小苞片椭圆形，白色，顶端粉红色，蕾时包裹住花，裂片长圆形，乳白色，顶端粉红色，唇瓣匙状宽卵形，子房被金黄色粗毛；种子有棱角；4—6月开花，7—10月结果（图6-120）。

园林应用：本种花极美丽，常栽培于庭园供观赏。

茎叶①

株形　　　　　　　　　　　茎叶②

图6-120　艳山姜

十六、花叶艳山姜 *Alpinia zerumbet* 'Variegata'

科属：姜科，山姜属。

形态特征：多年生草本观叶植物；具根状茎，叶有金黄色纵斑纹，十分艳丽；叶披针形，有金黄色纵斑纹；小花梗极短；小苞片椭圆，白色，顶端粉红色，蕾时包花，无毛；花萼近钟形，白色，顶粉红色；种子有棱角；花期4—6月，果期7—10月（图6-121）。

园林应用：室外栽培点缀庭院、池畔或墙角处，别具一格；也可作为室内花园点缀植物，常以中小盆种植，摆放在客厅、办公室及厅堂、过道等较明亮处。

株形

茎叶

叶

图6-121　花叶艳山姜

十七、三色堇 *Viola tricolor* L.

科属：堇菜科，堇菜属。

形态特征：二年或多年生草本植物；基生叶叶片长卵形或披针形，具长柄；茎生叶叶片卵形、长圆形或长圆披针形，先端圆或钝，边缘具稀疏的圆齿或钝锯齿（图6-122）。

园林应用：在花坛、庭园露天栽种为宜，盆栽也可，但不适合室内种植。

花、叶

花

图6-122　三色堇

十八、蜀葵 *Alcea rosea* L.

科属：锦葵科，蜀葵属。

形态特征：二年生直立草本；茎枝密被刺毛；叶近圆心形，上疏被星状柔毛、粗糙，下被星状长硬毛或茸毛；总状花序顶生单瓣或重瓣；果盘状，被短柔毛，具纵槽；花期6—8月（图6-123）。

园林应用：具有药用价值，宜种植在建筑物旁、假山旁或点缀花坛、草坪，成列或成丛种植；矮生品种可作盆花栽培，陈列于门前，不宜久置室内；也可剪取作鲜切花。

花

叶

茎

图6-123　蜀葵

十九、佛甲草 *Sedum lineare* Thunb.

科属：景天科，景天属。

形态特征：多年生草本植物，无毛；3叶轮生，少有4叶轮或对生的，叶线形，先端钝尖，基部无柄，有短距；花序聚伞状，顶生，疏生花，中央有一朵有短梗的花；萼片线状披针形；蓇葖果略叉开，花柱短；种子小；花期4—5月，果期6—7月（图6-124）。

园林应用：全株具有药用价值，是耐旱性好的多浆绿草种。可用于屋顶绿化，作为地被植物也广泛应用于城市绿地。

株形   茎叶

图6-124　佛甲草

二十、黄金菊 *Euryops pectinatus* (L.) Cass.

科属：菊科，黄蓉菊属。

形态特征：一年生或多年生草本植物；株高 30~50 cm，具分枝；叶片长椭圆形，羽状分裂，裂片披针形，全缘，绿色；头状花序，舌状花及管状花均为金黄色；瘦果；花期春至夏（图 6-125）。

园林应用：栽培广泛；花色金黄，花期长，为优良观花植物，适于花境、花坛绿化，也可用作地被植物，盆栽用于阳台、客厅等栽培观赏。

茎叶

株形   花

图6-125　黄金菊

二十一、滨菊 *Leucanthemum vulgare* Lam.

科属：菊科，滨菊属。

形态特征：多年生草本植物；基生叶花期生存，长椭圆形、倒披针形、倒卵形或卵形，基部楔形，渐窄成长柄，柄长于叶片，边缘具圆或钝锯齿；头状花序单生茎顶，花序梗长，或茎生排成疏散伞房状；苞片无毛，边缘白色或褐色膜质；瘦果无冠毛或舌状花瘦果有侧缘冠齿；花果期5—10月（图6-126）。

园林应用：多用于花坛、花境、花带的布置。

花①   茎叶

花②   株形

图6-126　滨菊

二十二、大吴风草 *Farfugium japonicum* (L. f.) Kitam.

科属：菊科，大吴风草属。

形态特征：多年生葶状草本植物；基生叶莲座状，肾形，先端圆，全缘或有小齿或掌状浅裂，基部弯缺宽，两面幼时被灰白色柔毛，后无毛；幼时密被淡黄色柔毛，后多脱落，基部短鞘，抱茎，鞘内被密毛；瘦果圆柱形，有纵肋，被成行短毛；花、果期8月至翌年3月（图6-127）。

园林应用：大吴风草生长力旺盛，覆盖力强，株形饱满完整，一年四季皆有观赏价值。

叶①

茎

叶②

图6-127　大吴风草

二十三、黑心菊 *Rudbeckia hirta* L.

科属：菊科，金光菊属。

形态特征：一年生或二年生草本植物；全株被刺毛；茎下部叶长卵圆形、长圆形或匙形，基部楔形下延，边缘有细锯齿，叶柄具翅；上部叶长圆状披针形，两面被白色密刺毛，边缘有疏齿或全缘，无柄或具短柄；头状花序，花序梗长；总苞片外层长圆形，内层披针状线形，被白色刺毛；花托圆锥形，托片线形，对折呈龙骨瓣状，边缘有纤毛；舌状花鲜黄色，舌片长圆形；管状花褐紫或黑紫色；瘦果四棱形，黑褐色，无冠毛（图 6-128）。

园林应用：原产北美，我国各地庭园常见栽培，供观赏。

株形　　　　　　　　　　花①　　　　　　　　　　花②

图6-128　黑心菊

二十四、蓝雪花 *Ceratostigma plumbaginoides* Bunge

科属：白花丹科，蓝雪花属。

形态特征：多年生草本植物；根茎多分枝；茎细弱，上部疏被硬毛，基部无芽鳞；叶宽卵形或倒卵形，先端短渐尖，稀钝圆，基部楔形，两面近无毛；花序顶生及腋生，基部叶披针形或长圆形，沿脉疏被长硬毛，筒部紫红色，花冠裂片蓝色，倒三角形，先端稍凹具窄三角形短尖；雄蕊稍伸出花冠喉部，花药蓝色，花柱异长，短花柱分枝内藏，长花柱分枝伸出花药之上；种子红褐色；花期7—9月，果期8—10月（图6-129）。

园林应用：叶色翠绿，花色淡雅，可作盆栽点缀居室、阳台。成熟植株枝条悬垂，多用于场馆周边、立交桥等环境布置，也可栽于林缘或点缀草坪。

茎叶　　　　　　　　　　　　花②

花①

图6-129　蓝雪花

二十五、天竺葵 *Pelargonium hortorum* Bailey

科属：牻牛儿苗科，天竺葵属。

形态特征：多年生草本植物；茎直立，基部木质化，密被柔毛，具鱼腥味；叶互生，托叶宽三角形或卵形，被柔毛和腺毛，叶圆形或肾形，基部心形，边缘波状浅裂，具圆齿，两面被透明柔毛，上面叶缘以内有暗红色马蹄形环纹；花梗被柔毛和腺毛，萼片窄披针形，密被腺毛和长柔毛，花瓣红、橙红、粉红或白色，宽倒卵形，先端圆；果长被柔毛（图6-130）。

园林应用：天竺葵适应性强，花色鲜艳，花期长，适用于室内摆放、花坛布置等。

花

茎叶

株形

图6-130　天竺葵

二十六、粉美人蕉 *Canna glauca* L.

科属：美人蕉科，美人蕉属。

形态特征：球根草本植物；根茎延长，茎绿色；叶片披针形；总状花序疏花，单生或分叉，稍高出叶上；苞片圆形、褐色，花多黄色，无斑点；花期夏、秋季（图6-131）。

园林应用：有多种园艺栽培品种，颜色为粉色、橙红色及具红色斑点等，是优良的园林绿化和城市湿地水景布置的材料，茎叶茂盛，花色艳丽，花期长，耐水淹，也可在陆地生长。

株形 花

图6-131 粉美人蕉

二十七、四季秋海棠 *Begonia cucullata* Willd.

科属：秋海棠科，秋海棠属。

形态特征：多年生常绿草本植物；茎直立，稍肉质，高 15~30 cm；单叶互生，有光泽，卵圆至广卵圆形，先端急尖或钝，基部稍心形而斜生，边缘有小齿和缘毛，绿色；聚伞花序腋生，具数花，花红色、淡红色或白色；蒴果具翅；花期 3—12 月（图 6-132）。

园林应用：四季秋海棠叶色光亮，花朵四季成簇开放，是园林绿化中花坛、吊盆、栽植槽和室内布置的理想材料。

叶 花

图6-132 四季海棠

二十八、水鬼蕉 *Hymenocallis littoralis* (Jacq.) Salisb.

科属：石蒜科，水鬼蕉属。

形态特征：多年生草本植物；叶 10~12，深绿色，剑形，长 45~75 cm，宽 2.5~6 cm，先端尖，基部收窄，无柄；花被筒纤细，长短不等，长达 10 cm，花被裂片线形，常短于花被筒；雄蕊花丝基部合成的杯状体钟形或漏斗状，长约 2.5 cm，具齿，花丝离生部分长 3~5 cm；花柱与雄蕊近等长或较长；花期夏末秋初（图 6-133）。

园林应用：叶姿健美，花形别致。适合盆栽观赏，可用于布置庭院或花境、花坛。

叶

株形 花

图6-133 水鬼蕉

二十九、须苞石竹 *Dianthus barbatus* Linn .

科属：石竹科，石竹属。

形态特征：多年生草本植物；茎具棱；叶披针形，先端尖，基部渐窄，鞘状；花序头状，总苞片叶状；花梗极短；花瓣紫红色，具白色斑纹，具长爪，瓣片卵形，先端齿裂，喉部具髯毛；蒴果卵状长圆形；种子扁卵圆形，平滑；花、果期 5—10 月（图 6-134）。

园林应用：可用于花坛、花境、花台或盆栽，也可用于岩石园和草坪边缘点缀。

花   茎叶

图6-134   须苞石竹

三十、睡莲 *Nymphaea tetragona* Georgi

科属：睡莲科，睡莲属。

形态特征：多年水生草本，根状茎短粗；叶纸质，心状卵形或卵状椭圆形；花梗细长；花萼基部四棱形，萼片革质，宽披针形或窄卵形，宿存；花瓣白色，宽披针形、长圆形或倒卵形，长 2.0~2.5 cm，内轮不变成雄蕊；雄蕊比花瓣短，花药条形，长 3~5 cm；柱头具 5~8 辐射线；浆果球形，为宿存萼片包裹；种子椭圆形，长 2~3 mm，黑色；花期 6—8 月，果期 8—10 月（图 6-135）。

园林应用：红睡莲、黄睡莲可池塘片植和居室盆栽。选用外形美观的缸盆，摆放于建设物、雕塑、假山石前。睡莲中的微型品种，可栽在考究的小盆中，用以点缀、美化居室环境。

株形   叶

图6-135   睡莲

三十一、菖蒲 *Acorus calamus* L.

科属：天南星科，菖蒲属。

形态特征：多年生草本植物；根茎横走植物，稍扁，分枝，外皮黄褐色，肉质根多数，具毛发状须根；叶基生，基部两侧膜质叶，叶片剑状线形，基部宽、对褶，中部以上渐狭；花序柄三棱形，叶状佛焰苞剑状线形；肉穗花序斜向上或近直立，狭锥状圆柱形；花黄绿色；浆果长圆形，红色（图6-136）。

园林应用：菖蒲是常用的水生植物，品种丰富，观赏价值高，适宜作水景岸边及水体绿化；也可盆栽观赏或作布景用。叶、花序还可以做插花材料。

株形

花

叶

图6-136 菖蒲

三十二、春羽 *Thaumatophyllum bipinnatifidum* (Schott ex Endl.) Saknr., Calazans & Mayo

科属：天南星科，鹅掌芋属。

形态特征：多年生常绿草本植物；具短茎，成年株茎常匍匐生长，新叶主要生于茎的顶端，为宽心脏形，羽状深裂，裂片宽披针形，边缘浅波状，有时皱卷，叶柄粗壮，较长；佛焰苞外面绿色，内面黄白色；肉穗花序总梗甚短，白色；花单性，无花被；浆果；花期3—5月（图6-137）。

园林应用：春羽株形美观，叶姿秀丽，花序大，观赏性较强；常用于水岸边、林下、路边或角隅栽培观赏，多丛植造景。

株形

茎叶

图6-137　春羽

三十三、大野芋 *Colocasia gigantea* (Blume) Schott

科属：天南星科，大野芋属。

形态特征：多年生常绿草本植物；根茎倒圆锥形，直立；叶丛生，叶柄淡绿色，具白粉，闭合；叶片长圆状心形、卵状心形，有时更大，边缘波状，后裂片圆形；花序柄近圆柱形；浆果圆柱形，长5 mm；种子多数，纺锤形，有多条明显的纵棱；花期4—6月，果9月成熟（图6-138）。

园林应用：其植株高大、叶大如伞，可用于营造热带景观。

株形

叶

茎基（部）

图6-138　大野芋

三十四、海芋 *Alocasia odora* (Roxburgh) K. Koch

科属：天南星科，海芋属。

形态特征：大型常绿草本植物；具匍匐根茎；直立地上茎，基部生不定芽条；叶亚革质，草绿色，箭状卵形，边缘波状，侧脉斜升；叶柄绿或污紫色，螺旋状排列；花序圆柱形，绿色，有时污紫色，肉穗花序，雌花序白色，不育雄花序绿白色；浆果红色，卵状（图 6-139）。

园林应用：大型观叶植物，宜用大盆或木桶栽培，适于布置大型厅堂或室内花园，也可栽于热带植物温室，十分壮观。

叶

株形

茎

图6-139　海芋

三十五、香蒲 *Typha orientalis* Presl

科属：香蒲科，香蒲属。

形态特征：多年生水生或沼生草本植物；地上茎粗壮，向上渐细；叶片条形，光滑无毛，上部扁平，下部腹面微凹，背面逐渐隆起呈凸形；叶鞘抱茎；雌雄花序紧密连接；小坚果椭圆形至长椭圆形，果皮具长形褐色斑点；种子褐色，微弯；花、果期 5—8 月（图 6-140）。

园林应用：香蒲叶绿、穗奇，常用于点缀园林水池、湖畔，构筑水景，宜做花境、水景背景材料，也可盆栽布置庭院。

| 株形 | 叶 |

图6-140　香蒲

三十六、狐尾藻 *Myriophyllum verticillatum* L.

科属：小二仙草科，狐尾藻属。

形态特征：多年生粗壮沉水草本植物；根状茎发达，节部生根；多分枝；花单性，雌雄同株或杂性，花无梗，比叶片短；果宽卵形，顶端具残存萼片及花柱（图 6-141）。

园林应用：适合用作室内水体绿化，是装饰玻璃容器的良好材料。在水族箱中栽培时，常作为中景、背景草使用。

图6-141　狐尾藻（株形）

三十七、吊竹梅 *Tradescantia zebrina* Bosse

科属：鸭跖草科，紫露草属。

形态特征：多年生蔓性草本植物；叶长卵形，互生，先端尖，基部钝，叶面光滑，叶色多变，绿色带白色条纹或紫红色，叶背淡紫红色；枝叶匍匐悬垂（图6-142）。

园林应用：枝叶观赏性强，适合园路边、山石或滨水的池边种植观赏，或用于疏林下作地被植物；盆栽也可用于棚架、廊架，悬挂栽培打造立体景观。

茎叶①

株形

茎叶②

图6-142　吊竹梅

三十八、虞美人 *Papaver rhoeas* L.

科属：罂粟科，罂粟属。

形态特征：一年生草本植物；茎、叶、花梗、萼片被淡黄色刚毛；茎分枝；叶披针形或窄卵形，二回羽状分裂，下部全裂；花单生茎枝顶端；花芽下垂；花瓣圆形、宽楠圆形或宽倒卵形，全缘，稀具圆齿或先端缺刻；花丝丝状，深紫红色，花药黄色；子房无毛，辐射状，连成盘状体，边缘具圆齿；果宽倒卵圆形；种子肾状长圆形；花期3—8月（图6-143）。

园林应用：适宜用于花坛、花境栽植，也可盆栽或用作切花。

茎叶	花①	花②

图6-143　虞美人

三十九、鸢尾 *Iris tectorum* Maxim.

科属：鸢尾科，鸢尾属。

形态特征：多年生草本植物；植株基部包有老叶残留叶鞘及纤维；根状茎粗壮；叶基生，黄绿色，宽剑形，无明显中脉，长 15~50 cm，宽 1.5~3.5 cm；花茎高 20~40 cm，顶部常有 1~2 侧枝；蒴果长椭圆形或倒卵圆形，长 5~6 cm；种子梨形，黑褐色（图 6-144）。

园林应用：鸢尾叶片碧绿青翠，花色丰富，花形奇特，是花坛及庭院绿化的良好材料，也可用作地被植物，有些种类为优良的鲜切花材料。

株形	花①
花②	叶

图6-144　鸢尾

四十、花菖蒲 *Iris ensata* var. *hortensis* Makino et Nemoto

科属：鸢尾科，鸢尾属。

形态特征：本变种为园艺变种，品种甚多，植物的营养体、花形及颜色因品种而异。多年生草本植物；叶宽条形，中脉明显而突出；苞片近革质，脉平行，明显而突出，顶端钝或短渐尖；花的颜色由白色至暗紫色，斑点及花纹变化甚大，单瓣以至重瓣；性喜潮湿，多栽于河、湖、池塘边，或盆栽；花期6—7月，果期8—9月（图6-145）。

园林应用：花菖蒲在湿地公园中常成片群植；以盆栽点缀景色，或是地栽造景，或作切花点缀家居，都十分适宜。

株形　　　　　　　　　　　　花苞

花　　　　　　　　　　　　叶

图6-145　花菖蒲

四十一、黄菖蒲 *Iris pseudacorus* L.

科属：鸢尾科，鸢尾属。

形态特征：多年生草本植物；根状茎粗壮，基生叶灰绿色，宽剑形，中脉明显；花茎粗壮，上部分枝；膜质，绿色，披针形（图6-146）。

园林应用：黄菖蒲适应范围广泛，可在水边或露地栽培，又可在水中挺水栽培，是水生和陆生兼备的花卉，观赏价值较高。黄菖蒲成片栽植在公园、风景区、房地水体的浅水处，可软化硬质景观，达到建筑物、石材与自然和谐的效果。

花

叶

茎叶

图6-146　黄菖蒲

四十二、雄黄兰 *Crocosmia × crocosmiiflora* (Lemoine) N.E.Br.

科属：鸢尾科，雄黄兰属。

形态特征：中国特有鸢尾科雄黄兰属多年生草本植物；球茎扁圆球形；叶多基生，剑形；穗状花序由疏散的多花组成，花两侧对称，橙黄色，花丝着生在花被管上；蒴果三棱状球形；花、果期7—10月（图 6-147）。

园林应用：花期长，宜成片栽植于街道绿岛、建筑物前、草坪上、湖畔等，还可做切花。

株形

花叶

图6-147　雄黄兰

四十三、酢浆草 *Oxalis corniculata* L.

科属：酢浆草科，酢浆草属。

形态特征：草本植物；全株被柔毛；根茎稍肥厚，茎细弱，多分枝，直立或匍匐，匍匐茎节上生根；叶基生或茎上互生，托叶小，长圆形或卵形；花单生或数朵集为伞形花序状，腋生，总花梗淡红色；蒴果长圆柱形；种子长卵形，褐色或红棕色，具横向肋状网纹；花、果期2—9月（图6-148）。

园林应用：常在植物配置中用作地被植物。

花　　　　　　　　　　　　　　　　叶

图6-148　酢浆草

第四节　蕨　类

一、肾蕨 *Nephrolepis cordifolia* (L.) C. Presl

科属：肾蕨科，肾蕨属。

形态特征：附生或土生蕨类植物；根状茎直立，被淡棕色长钻形鳞片，下部有粗铁丝状的匍匐茎向四方横展，匍匐茎棕褐色；叶坚草质，簇生，有纵沟，下面圆形，密被淡棕色线形鳞片，叶片线状披针形或狭披针形，先端短尖，叶轴两侧被纤维状鳞片，一回羽状，羽状多数（图6-149）。

园林应用：肾蕨在园林中可作阴性地被植物或布置在墙角、假山和水池边。其叶片可作切花、插瓶的陪衬材料。

株形	茎叶

图6-149　肾蕨

第五节　藤　本

一、紫藤 *Wisteria sinensis* (Sims) DC.

科属：豆科，紫藤属。

形态特征：大型藤本植物；茎粗壮左旋；嫩枝黄褐色被白色绢毛；羽状复叶，纸质，卵状椭圆形或卵状披针形，先端小叶较大，基部1对最小；总状花序生于去年短枝的叶腋或顶芽；花梗细；花萼密被细毛；花冠紫色，旗瓣反折；荚果线状倒披针形，成熟后不脱落；种子褐色，扁圆形，具光泽（图6-150）。

园林应用：作庭园棚架植物，先叶开花，是优良的观花藤本植物，适栽于湖畔、池边、假山、石坊等处，具独特风格，盆景也常用。

枝叶

花

株形

图6-150　紫藤

二、油麻藤 *Mucuna sempervirens* Hemsl.

科属：豆科，油麻藤属。

形态特征：常绿木质藤本植物；叶四季常青，羽状复叶，无毛；总状花序生于老茎上，有臭味；花大，花朵盛开时形如成串的小雀，花萼密被茸毛，花冠深紫色、圆形；荚果带形，木质；种子扁长圆形；花期4—5月，果期8—10月（图6-151）。

园林应用：油麻藤是园林价值较高的垂直绿化藤本植物，适宜栽在房屋前后阳台、栅栏、高速公路护坡及绿化面积不足、不便绿化的地方。

枝条   花

图6-151 油麻藤

三、络石 *Trachelospermum jasminoides* (Lindl.) Lem.

科普：夹竹桃科，络石属。

形态特征：藤本植物；小枝被短柔毛，老时无毛；叶革质，卵形、倒卵形或窄椭圆形，无毛或下面疏被短柔毛；聚伞花序圆锥状，顶生及腋生，花序被微柔毛或无毛；花萼裂片窄长圆形，反曲，被短柔毛及缘毛；花冠白色，裂片倒卵形，花冠与裂片等长，中部膨大，喉部无毛或在雄蕊着生处疏被柔毛，雄蕊内藏；子房无毛；蓇葖果线状披针形；种子长圆形，顶端具白色绢毛；花期3—8月，果期6—12月（图6-152）。

园林应用：络石是优良的攀缘植物和地被植物，也可盆栽。

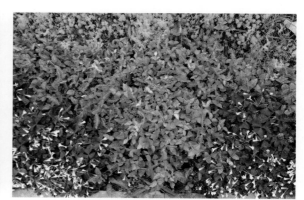

叶①   叶②

图6-152 络石

四、地锦 *Parthenocissus tricuspidata* (Siebold & Zucc.) Planch.

科属：葡萄科，地锦属。

形态特征：木质落叶大藤本植物；小枝无毛或嫩时被极稀疏柔毛，老枝无木栓翅；单叶，倒卵圆形，通常3裂，幼苗或下部枝上叶较小；花序生短枝上，基部分枝，形成多歧聚伞花序，序轴不明显；花萼碟形，边缘全缘或呈波状，无毛；花瓣长椭圆形；果球形，成熟时蓝色；花期5—8月，果期9—10月（图6-153）。

园林应用：垂直绿化植物，枝叶茂密，分枝多而斜展；根入药，能祛瘀消肿。

叶

枝干①

枝干②

图6-153　地锦

五、常春藤 *Hedera nepalensis* var. *sinensis* (Tobl.) Rehd.

科属：五加科，常春藤属。

形态特征：常绿攀缘灌木；茎灰棕色或黑棕色，有气生根；叶片革质；伞形花序单个顶生或数个总状排列或伞房状排列成圆锥花序，花淡黄白色或淡绿白色，芳香；果实球形，红色或黄色，花柱宿存（图6-154）。

园林应用：攀缘于林缘树木、林下路旁、岩石和房屋墙壁上，庭园中也栽培。

叶①   叶②

图6-154　常春藤

六、凌霄 *Campsis grandiflora* (Thunb.) Schum.

科属：紫葳科，凌霄属。

形态特征：攀缘藤本植物；奇数羽状复叶，两面无毛，有粗齿；花萼钟状，裂至中部，裂片披针形，花冠内面鲜红色，外面橙黄色，裂片半圆形；蒴果顶端钝；花期5—8月（图6-155）。

园林应用：凌霄老干扭曲盘旋、苍劲古朴，其花色鲜艳，芳香味浓，且花期很长，可作室内的盆栽藤本植物，地栽和盆栽花卉，可供观赏及以及药用。

枝叶   花

图6-155　凌霄

七、天门冬*Asparagus cochinchinensis* (Lour.) Merr.

科属：百合科，天门冬属。

形态特征：攀缘藤本植物；根中部或近末端呈纺锤状，茎平滑，分枝具棱或窄翅；叶状枝，扁平或中脉龙骨状微呈锐三棱形，稍镰状；分枝刺较短或不明显；花腋生，淡绿色；关节生于中部；花丝不贴生花被片，雌花大小和雄花相似；浆果，成熟时红色（图6-156）。

园林应用：天门冬可作观叶花卉栽培，可布置于厅堂、卧室、阳台等处；常用于花境或者盆栽等。

株形　　　　　　　　　　　　　　叶

图6-156　天门冬

第六节　竹　类

一、粉单竹 *Bambusa chungii* McClure

科属：禾本科，簕竹属。

形态特征：竹类植物；秆直立，顶端微弯曲；节间幼时被白色蜡粉，无毛，最长者可达1 m；秆环平坦；分枝高，每节具多数分枝，主枝较细，比侧枝稍粗；箨环稍隆起，最初在节下方密生一圈向下的棕色刺毛环，以后则渐变无毛（图 6-157）。

园林应用：竹丛疏密适中，挺秀优姿，宜作为庭园绿化之用。

秆 叶

图6-157 粉单竹

二、凤尾竹 *Bambusa multiplex* f. *fernleaf* (R. A. Young) T. P. Yi

科属：禾本科，簕竹属。

形态特征：竹类植物；植株较高大，高 3~6 m，秆中空，小枝具 9~13 叶，稍下弯，直径 1.5~2.5 cm，尾梢近直或略弯，下部挺直，绿色；节间长 30~50 cm，幼时薄被白蜡粉，并于上半部被棕色至暗棕色小刺毛（图 6-158）。

园林应用：适于在庭院中墙隅、屋角、门旁配植，植株较小的凤尾竹可栽植于花台上，可制作竹类盆景，在南方地区也常作为低矮绿篱的配植材料。

秆 枝叶

图6-158 凤尾竹

三、佛肚竹 *Bambusa ventricosa* McClure

科属：禾本科，簕竹属。

形态特征：丛生型竹类植物；秆异形，正常秆高 8~10 m，直径 3~5 cm，尾梢略下弯，下部稍呈"之"字形曲折；节间圆柱形，长 30~35 cm，幼时无白蜡粉，光滑无毛，下部略微肿胀；小枝具 7~13 叶；叶鞘无毛，叶耳小，鞘口具缝毛，叶舌短：叶卵状披针形或长圆状披针形，上面无毛，下面灰绿色，被柔毛（图 6-159）。

园林应用：佛肚竹观赏价值高，常作盆栽，施以人工截顶培植，形成畸形植株以供观赏。

秆　　　　　　　　　　　　　节间

图6-159　佛肚竹

四、青丝黄竹 *Bambusa eutuldoides* var. *viridivittata* (W. T. Lin) *L. C. Chia*

科属：禾本科，簕竹属。

形态特征：竹类植物；秆高 6~12 m，直径 4~6 cm，尾梢略弯，下部挺直，秆节间柠檬黄色具绿色纵条纹，节处稍有隆起，秆基部数节于箨环之上下方各环生一圈灰白色绢毛；叶鞘无毛，背部具脊，纵肋隆起；叶耳有时不存在，存在时则呈卵形或狭倒卵形乃至倒卵状长圆形；叶舌高约 0.5 mm，截形，边缘具微齿；叶片披针形至宽披针形（图 6-160）。

园林应用：青丝黄竹是优良观赏竹种，多栽培于庭院、风景区。

株形

枝叶

秆

根

图6-160　青丝黄竹

五、小琴丝竹 *Bambusa multiplex* f. *stripestem-fernleaf* R.A.Young T. P. Yi

科属：禾本科，簕竹属。

形态特征：丛生型竹类植物；地下茎合轴型；秆丛生，尾梢近直或略弯，下部挺直，绿色；秆和分枝的节间黄色，具不同宽度的绿色纵条纹，秆箨新鲜时绿色，具黄白色纵条纹；箨鞘呈梯形，背面无毛；箨片直立，狭三角形；叶鞘无毛，叶耳肾形，叶舌圆拱形，叶片线形，上表面无毛，下表面粉绿而密被短柔毛；苞片线形至线状披针形，小穗含小花，中间小花为两性；小穗轴节间形扁，外稃两侧稍不对称，长圆状披针形，花药紫色，子房卵球形，柱头直接从子房顶端伸出，成熟颖果未见（图6-161）。

园林应用：在园林配置中，小琴丝竹以片植或是群植的形式营造独立的竹林景观；也可与亭、堂、楼、阁及其他具有坚硬性线条的建筑配植，衬托建筑物的刚健之美。

株形

秆

叶

图6-161　小琴丝竹

六、人面竹 *Phyllostachys aurea* Carr. ex A. et C. Riv

科属：禾本科，刚竹属。

形态特征：竹类植物；秆劲直，幼时被白粉，无毛，成长的秆呈绿色或黄绿色；中部节间长 15~30 cm，基部或有时中部的数节间极缩短、缢缩或肿胀，或其节交互倾斜，中、下部正常节间的上端也常明显膨大；每小枝 2~3 叶；初有叶耳和缝毛，后脱落；叶带状披针形或披针形，下面近基部有毛或无毛（图 6-162）。

园林应用：人面竹是庭院绿化珍稀植物，株形美观、节间花纹紧凑奇特，枝叶茂密、四季青绿，可作盆栽摆放室内；具有奇特芳香气，可驱虫灭蚊；也是制作旅游工艺品的天然材料。

节间

秆、叶

叶

图6-162　人面竹

七、紫竹 *Phyllostachys nigra* (Lodd.) Munro

科属：禾本科，刚竹属。

形态特征：高大竹类植物；幼秆绿色，一年生以后的秆逐渐变为紫黑色；秆环与箨环均隆起，箨鞘背面红褐或更带绿色，箨耳长圆形至镰形、紫黑色，箨舌拱形至尖拱形、紫色，箨片三角形至三角状披针形、绿色，脉为紫色；叶舌稍伸出，叶片质薄；花枝呈短穗状（图 6-163）。

园林应用：紫竹宜种植于庭院山石之间或书斋、厅堂、小径、池水旁，也可栽于盆中，置窗前，别有一番情趣。

枝叶

株形

节间

图6-163　紫竹

八、麻竹 *Dendrocalamus latiflorus* Munro

科属：禾本科，牡竹属。

形态特征：竹类植物；秆高 20~25 m，直径 15~30 cm，梢端长下垂或弧形弯曲；节间长 45~60 cm，幼时被白粉，但无毛，仅在节内具一圈棕色茸毛环；壁厚 1~3 cm；秆分枝习性高，每节分多枝，主枝常单一（图 6-164）。

园林应用：麻竹秆供建筑和竹篾用，庭园栽植观赏价值也较高。

节间

秆

枝叶

图6-164 麻竹

第七章

药用植物

第一节　乔　木

一、厚朴 *Houpoea officinalis* (Rehder & E. H. Wilson) N. H. Xia & C. Y. Wu

科属：木兰科，厚朴属。

形态特征：落叶乔木；树皮厚，褐色，小枝粗壮，淡黄色或灰黄色，顶芽大，狭卵状圆锥形；叶大，近革质，先端具短急尖或圆钝，基部楔形，全缘而微波状；花白色，芳香；聚合果长圆状卵圆形；种子三角状倒卵形；花期5—6月，果期8—10月（图7-1）。

园林应用：厚朴叶大荫浓，花大美丽，可作绿化观赏树种，同时作为药用植物，树皮、根皮、花、种子及芽皆可入药，以树皮为主。

| 树形 | 枝叶 | 花 |

图7-1　厚朴

第二节 草 本

一、藿香 *Agastache rugosa* (Fisch. et Mey.) O. Ktze.

科属：唇形科，藿香属。

形态特征：多年生草本植物，茎上部被细柔毛，分枝，下部无毛；叶心状卵形或长圆状披针形，先端尾尖，基部心形，稀平截，具粗齿；穗状花序密集，花冠淡紫蓝色，被微柔毛；小坚果褐色；花期6—9月，果期9—11月（图7-2）。

园林应用：全株具有香味，与其他具有芳香味的植物搭配，可应用于芳香园艺疗法。

株形　　　　　　　　　　　　　茎叶

叶

图7-2　藿香

第八章

外来植物

第一节 乔 木

一、变叶木 *Codiaeum variegatum* (L.) A. Juss.

科属：大戟科，变叶木属。

形态特征：小乔木或灌木状；枝无毛；叶薄革质，叶形、大小、色泽因品种不同有很大变异，先端渐尖、短尖或圆钝，两面无毛，绿色、黄色、黄绿相间，紫红色或紫红与黄绿相间，或绿色散生黄色斑点或斑块；雄花白色，花梗纤细；雌花淡黄色，花梗较粗；蒴果近球形，稍扁，无毛（图8-1）。

园林应用：其在叶形、叶色上的变化，显示出色彩美、姿态美，多用于公园、绿地和庭园美化，既可丛植，也可做绿篱，其枝叶是插花理想的配叶。

枝叶　　　　　　　　　　　　　　　树形

图8-1　变叶木

二、刺槐 *Robinia pseudoacacia* L.

科属：豆科，刺槐属。

形态特征：落叶乔木；树皮灰褐色至黑褐色，浅裂至深纵裂，稀光滑；刺槐树皮厚，暗色，裂纹多；树叶根部；总状花序，腋生、下垂，花多数、白色、芳香；花冠白色，各瓣均具瓣柄，旗瓣近圆形；荚果褐色，或具红褐色斑纹，线状长圆形；种子褐色至黑褐色，微具光泽，有时具斑纹，近肾形；种脐圆形，偏于一端；花期4—6月，果期8—9月（图8-2）。

园林应用：刺槐树冠高大，叶色鲜绿，每当开花季节绿白相映，素雅而芳香，可作为行道树、庭荫树，还是工矿区绿化及荒山、荒地绿化的先锋树种。

树形　　　　枝叶①

枝叶②

图8-2　刺槐

三、刺桐 *Erythrina variegata* L.

科属：豆科，刺桐属。

形态特征：乔木；树皮灰褐色，枝有明显叶痕及短圆锥形的黑色直刺，髓部疏松，颓废部分成空腔；羽状复叶，常密集枝端；总状花序顶生，上有密集、成对着生的花；总花梗木质，粗壮；荚果肿胀，黑色，肥厚；种子，肾形，暗红色，种子间略缢缩，长15~30 cm，宽

2~3 cm，稍弯曲，先端不育；花期3月，果期8月（图8-3）。

园林应用：刺桐花美丽，可栽作观赏树木，常见于路旁或近海溪边，或栽于公园；可作药用植物，树皮或根皮入药。

树干

花

枝叶

图8-3　刺桐

四、龙牙花 *Erythrina corallodendron* L.

科属：豆科，刺桐属。

形态特征：灌木或落叶小乔木；树皮粗糙，灰褐色；树干及枝条疏生粗壮的黑色瘤状皮刺，老枝无刺；三出羽状复叶，互生；叶柄无毛，淡红色，有时上和下面中脉上疏生倒钩状小皮刺；顶生小叶较侧生小叶为大，侧生小叶基部略偏斜；小叶菱状卵形或菱形，顶端尾状或渐尖而钝，基部宽楔形或近截形或近圆形，基部有一对腺体，全缘，两面无毛，有时背面的中脉上具小皮刺；小叶柄及中脉上有刺，小托叶腺体状（图8-4）。

园林应用：龙牙花花红叶扶疏，初夏开花，深红色的总状花序好似红色月牙，艳丽夺目，适用于公园和庭院栽植。

树形   花

图8-4　龙牙花

五、羊蹄甲 *Bauhinia purpurea* L.

科属：豆科，羊蹄甲属。

形态特征：乔木或直立灌木；树皮厚，近光滑，灰色至暗褐色；叶硬纸质，近圆形，裂片先端圆钝或近急尖，两面无毛或下面薄被微柔毛；总状花序侧生或顶生，少花；花蕾多少纺锤形，具4~5棱或狭翅，顶钝；花瓣桃红色，倒披针形，具脉纹和长的瓣柄；荚果带状，扁平，略呈弯镰状，成熟时开裂；种子近圆形，扁平，种皮深褐色；花期9—11月，果期2—3月（图8-5）。

园林应用：羊蹄甲在世界亚热带地区广泛栽培于庭园供观赏及作行道树。

花

树形　　　　　　　　　　　　　　　　　　叶

图8-5　羊蹄甲

六、银合欢 *Leucaena leucocephala* (Lam.) de Wit

科属：豆科，银合欢属。

形态特征：灌木或小乔木；幼枝被短柔毛，老枝无毛，具褐色皮孔，无刺；托叶三角形，小；叶轴被柔毛；线状长圆形，先端急尖，基部楔形，边缘被短柔毛；头状花序；苞片紧贴，被毛，早落；花白色；花萼顶端具5细齿，外面被柔毛；花瓣狭倒披针形，背被疏柔毛；荚果带状，顶端凸尖，基部有柄，纵裂，被微柔毛；种子卵形，褐色，扁平，光亮；花期4—7月，果期8—10月（图8-6）。

园林应用：银合欢树形美观，围园严密，是防禽畜破坏、防盗的最佳屏障，适用于工矿、机关、学校、公园、生活小区、别墅、庭院、城镇绿化围墙与花墙，果园、瓜园、花圃、苗圃的围墙，也是保护生态、绿化荒山的理想树种；花白色，如雪如絮郁雅壮观，是良好的观花树种。

树形

花

枝干

叶

图8-6　银合欢

七、瓶树 *Brachychiton rupestris* (Lindl.) K. Schum

科属：锦葵科，酒瓶树属。

形态特征：大乔木；茎干形状独特，基部膨大呈卵圆状棒形；树皮黑灰色；叶簇生于枝条顶端，全缘或深裂；总状花序生于枝顶，花朵浅黄色，钟形（图 8-7）。

园林应用：其株型奇特，与其他高大乔木有显著区别，适于孤植或数株配置成群，同时花色艳丽，具有重要的观赏价值，是优良的园景树。

枝叶　　　　　　　　　　　　　　　　　　　树形

图8-7　瓶树

八、荷花木兰 *Magnolia grandiflora* L.

科属：木兰科，北美木兰属。

形态特征：常绿乔木；树皮淡褐色或灰色，薄鳞片状开裂；小枝、芽、叶下面，叶柄、均密被褐色或灰褐色短茸毛；叶厚革质，椭圆形、长圆状椭圆形或倒卵状椭圆形；花白色，有芳香；聚合果圆柱状长圆形或卵圆形；种子近卵圆形或卵形；花期5—6月，果期9—10月（图8-8）。

园林应用：荷花木兰可作园景、行道树、庭荫树。荷花木兰树姿雄伟壮丽，叶大荫浓，花似荷花，芳香馥郁，为美丽的园林绿化观赏树种，宜孤植、丛植或成排种植。

枝叶

树形

树干

图8-8　荷花木兰

九、日本晚樱 *Prunus serrulata* var. *lannesiana* (Carri.) Makino

科属：蔷薇科，李属。

形态特征：乔木；本变种叶边有渐尖重锯齿，齿端有长芒，花常有香气；树皮灰褐色或灰黑色，有唇形皮孔；小枝灰白色或淡褐色，无毛；叶片卵状椭圆形或倒卵椭圆形；伞房花序总状或近伞形；花瓣粉色，倒卵形，先端下凹；核果球形或卵球形，紫黑色；花期3—5月（图8-9）。

园林应用：日本晚樱中之花大而芳香的品种以及四季开花的"四季樱"等均宜植于庭园建筑物旁，或孤植作为景观树，或丛植造景。

花枝

花蕾

花、叶

花

图8-9　日本晚樱

十、池杉 *Taxodium distichum* var. *imbricatum* (Nuttall) Croom

科属：柏科，落羽杉属。

形态特征：乔木；树干基部膨大，通常有屈膝状的呼吸根（低湿地生长尤为显著）；树皮褐色，纵裂，成长条片脱落；枝条向上伸展；树冠较窄，呈尖塔形；叶钻形，微内曲；球果圆球形或是圆状球形，成熟时褐黄色；种子不规则三角形，微扁，红褐色；花期3—4月，球果10月成熟（图8-10）。

园林应用：池杉生长良好，多作为低湿地的造林树种或庭园树。

枝叶1

枝叶2

树形

图8-10　池杉

十一、落羽杉 *Taxodium distichum* (L.) Rich.

科属：柏科，落羽杉属。

形态特征：落叶乔木；干基通常膨大，树皮棕色；一年生小枝褐色；叶线形；果具短柄，熟时淡褐黄色，被白粉；种子褐色（图8-11）。

园林应用：其枝叶茂盛，秋季落叶较迟，冠形雄伟秀丽，是优美的庭园、道路绿化树种。在中国大部分地区都可栽作工业用林和生态保护林。

树冠

枝叶

图8-11　落羽杉

十二、玛瑙石榴 *Punica granatum* 'Lagrellei ' Vanhoutte

科属：千屈菜科，石榴属。

形态特征：落叶灌木或小乔木；针状枝；叶呈倒卵形或椭圆形，无毛；花多为朱红色，亦有黄色和白色；浆果近球形；花期5—6月，果期9—10月（图8-12）。

园林应用：栽培品种花边泛白，观赏性好且兼具良好的食用性，适合盆景观赏及食用大面积种植。

花枝　　　　　　　　　　　　叶

图8-12　玛瑙石榴

十三、桉 *Eucalyptus robusta* Smith

科属：桃金娘科，桉属。

形态特征：大乔木；树皮宿存，深褐色，嫩枝有棱；幼态叶对生，叶片厚革质、卵形、有柄，成熟叶卵状披针形、厚革质、不等侧，侧脉多而明显，两面均有腺点；伞形花序粗大（图8-13）。

园林应用：按列植、片植造景，或作造纸材料用。

枝叶　　　　　　　　　树干　　　　　　　　　果实

图8-13　桉

十四、蓝桉 *Eucalyptus globulus* Labill.

科属：桃金娘科，桉属。

形态特征：大乔木；树皮灰蓝色，片状剥落；嫩枝略有棱；幼态叶对生，叶片卵形，基部心形，无柄，有白粉；成长叶片革质，披针叶，镰状；花大，单生或 2~3 朵聚生；蒴果半球形（图 8-14）。

园林应用：蓝桉在园林中宜孤植于建筑物前，可列植于门前路侧，用于公路绿化或片植造景。

枝叶

树干

树形

图8-14　蓝桉

十五、红千层 *Callistemon rigidus* R. Br.

科属：桃金娘科，红千层属。

形态特征：小乔木；树皮坚硬，灰褐色；嫩枝有棱；叶片坚革质，线形，先端尖锐；穗状花序生于枝顶；蒴果半球形，果瓣稍下陷；种子条状；花期 6—8 月（图 8-15）。

园林应用：红千层花形奇特，色彩鲜艳美丽，开放时火树红花，具有很高的观赏价值，被广泛应用于公园、庭院及街边绿地。

花

树形

枝叶

图8-15 红千层

十六、悬铃木 *Platanus occidentalis* L.、*Platanus acerifolia* (Aiton) Willd.、*Platanus orientalis* L.

科属：悬铃木科，悬铃木属。

形态特征：一球悬铃木，落叶大乔木；株高40 m；树皮有浅沟，呈小块状剥落；嫩枝被黄褐色茸毛，叶大、阔卵形；花聚成圆球形头状花序；头状果序圆球形，单生，稀为2个。二球悬铃木，落叶大乔木；株高达35 m；树皮光滑，片状脱落；幼枝密被灰黄色星状茸毛；老枝无毛，红褐色；叶宽卵形；球形果序，常2个串生，稀1或3个，下垂。三球悬铃木，落叶大乔木；株高达30 m；树皮薄片状脱落；嫩枝被黄褐色茸毛；老枝秃净；叶大，轮廓阔卵形；雄性球状花序无柄，雌性球状花序常有柄；果有圆球形头状果序3~5个，稀为2个（图8-16）。

园林应用：悬铃木树形雄伟，枝叶茂密，是世界著名的优良庭荫树和行道树，有"行道树之王"之称。

树干

果

树形

图8-16　悬铃木

十七、黄花风铃木 *Handroanthus chrysanthus* (Jacq.) S.O.Grose

科属：紫葳科，风铃木属。

形态特征：落叶乔木；干直立，树冠圆伞形；花冠漏斗形，近风铃状，花色鲜黄；掌状复叶，倒卵形，纸质，有疏锯齿，叶色黄绿至深绿，全叶被褐色细茸毛（图8-17）。

园林应用：也称黄钟木，是一种会随着四季变化而更换风貌的树，是优良行道树，也可在庭院、校园、住宅区等种植。

树形

叶

花

图8-17　黄花风铃木

十八、蓝花楹 *Jacaranda mimosifolia* D.Don

科属：紫葳科，蓝花楹属。

形态特征：落叶乔木；叶对生，为二回羽状复叶，小叶椭圆状披针形至椭圆状菱形；花蓝色；花萼筒状；蒴果木质，扁卵圆形；花期5—6月（图8-18）。

园林应用：蓝花楹是观叶、观花树种，可以在公园中进行孤植，可以作为行道树栽植，也可以作为庭院特色树种进行利用。

花枝

叶

树形

图8-18　蓝花楹

十九、刺葵 *Phoenix loureiroi* Kunth

科属：棕榈科，海枣属。

形态特征：乔木；茎丛生或单生；叶羽片线形；花瓣圆形；长圆形果实成熟时呈紫黑色；花期4—5月，果期6—10月（图8-19）。

园林应用：刺葵树形美丽，是热带、亚热带地区海岸绿化的优良树种，也可作为庭园绿化植物、行道树、园景树。果可食，嫩芽可作为蔬菜，叶可做扫帚。

树形

树干

图8-19　刺葵

二十、鱼尾葵 *Caryota maxima* Blume ex Martius

科属：棕榈科，鱼尾葵属。

形态特征：乔木；茎绿色，直立不分枝，叶大而粗壮，酷似鱼尾，羽状二回羽状全裂，叶片厚，革质；花期7月，肉穗花序下垂，小花黄色；果球形，成熟后紫红色（图8-20）。

园林应用：鱼尾葵树姿优美潇洒，叶片翠绿，形奇特，酷似鱼尾，富含热带情调，是优良的室内大型盆栽树种，适合于布置客厅、会场、餐厅等处，羽叶可剪作切花配叶。

图8-20　鱼尾葵（树形）

二十一、棕榈 *Trachycarpus fortunei* (Hook.) H. Wendl.

科属：棕榈科，棕榈属。

形态特征：乔木；树干圆柱形；花序粗壮，多次分枝，从叶腋抽出，通常是雌雄异株；果实阔肾形，有脐，成熟时由黄色变为淡蓝色，有白粉，柱头残留在侧面附近；种子胚乳均匀，角质，胚侧生（图8-21）。

园林应用：棕皮用途广泛，供不应求，是园林结合生产的理想树种，又是工厂绿化优良树种，可列植、丛植或成片栽植，也常盆栽。

树形   茎须

图8-21 棕榈

第二节 灌 木

一、铺地柏 *Juniperus procumbens* (Endlicher) Siebold ex Miquel

科属：柏科，刺柏属。

形态特征：匍匐小灌木，贴近地面伏生；叶全为刺叶；球果球形，内含种子（图 8-22）。

园林应用：夏绿冬青，观叶，春色叶，春季观赏效果最佳；园林中常见栽培植物，也是桩景材料之一；可配植于岩石园或草坪角隅，做良好地被植物；也可以盆栽观赏。

树形   树叶

图8-22 铺地柏

二、薰衣草 *Lavandula angustifolia* Mill.

科属：唇形科，薰衣草属。

形态特征：小灌木；茎秆直立，被星状茸毛，老枝灰褐色，具条状剥落的皮层；叶条形或披针状条形，被或疏或密的灰色星状茸毛，干时灰白色或橄榄绿色，全缘而外卷；轮伞花序在枝顶聚集成间断或近连续的穗状花序；小坚果椭圆形，光滑（图8-23）。

园林应用：其叶形花色优美典雅，蓝紫色花序颀长秀丽，是庭院中一种新的多年生耐寒花卉，适宜花径丛植或条植，也可盆栽观赏。

茎叶

株形 花

图8-23 薰衣草

三、双荚决明 *Senna bicapsularis* (L.) Roxb.

科属：豆科，决明属。

形态特征：直立灌木；多分枝，无毛；有小叶 3~4 对，小叶倒卵形或倒卵状长圆形；总状花序生于枝条顶端的叶腋间，常集成伞房花序状，花鲜黄色；荚果圆柱状，膜质，直或微曲；种子二列；花期 10—11 月，果期 11 月至翌年 3 月（图 8-24）。

园林应用：双荚决明是南方城乡行道和庭院的优良绿化树种，常植于池边、路旁、广场、公园和草地边缘，也可点缀在草坪中间；也可作绿肥。

叶

枝条

图8-24　双荚决明

四、珍珠相思 *Acacia podalyriifolia* G. Don

科属：豆科，相思树属。

形态特征：常绿灌木或小乔木；树干分枝低，主干不明显，树皮灰绿色，平滑；叶状柄宽卵形或椭圆形，被白粉，呈灰绿至银白色，基部圆形；总状花序，花黄色；荚果扁平；花期3—6月，果期7—11月（图8-25）。

园林应用：珍珠相思具有较好的观赏效果，常用作花境主景植物。

树形

枝叶

花

图8-25　珍珠相思

五、木茼蒿 *Argyranthemum frutescens* (L.) Sch.-Bip

科属：菊科，木筒蒿属。

形态特征：灌木；枝条大部木质化；叶宽卵形、椭圆形或长椭圆形，两面无毛；头状花序多数，在枝端排成不规则的伞房花序；2—10月开花、结果（图8-26）。

园林应用：木茼蒿在各地公园或植物园常栽培作盆景，供观赏。

花　　　　　　　　　　　　　　　叶

图8-26　木茼蒿

六、剑叶龙血树 *Dracaena cochinchinensis* (Lour.) S. C. Chen

科属：龙舌兰科，龙血树属。

形态特征：乔木状；茎粗大，分枝多，树皮灰白色，光滑，叶聚生在茎、分枝或小枝顶端，花序轴密生乳突状短柔毛，花丝扁平，上部有红棕色疣点，花柱细长（图8-27）。

园林应用：树态美观，能适应石隙生境，可配以山石丛植作景，也可盆栽作为室内景观。

株形　　　　　　　　　　　　　　茎

图8-27　剑叶龙血树

七、朱蕉 *Cordyline fruticosa* (Linn) A. Chevalier

科属：龙舌兰科，朱蕉属。

形态特征：灌木状，直立，有时稍分枝；叶长圆形或长圆状披针形，绿或带紫红色；花淡红、青紫或黄色；花期11月至翌年3月（图8-28）。

园林应用：观叶植物，株形美观，色彩华丽高雅，具有较好的观赏性，用于庭园栽培，也适用于花境。

株形　　　　　　　　　　　　　　　　　叶

图8-28　朱蕉

八、马缨丹 *Lantana camara* L.

科属：马鞭草科，马缨丹属。

形态特征：灌木或蔓性灌木；茎枝常被倒钩状皮刺；叶卵形或卵状长圆形；花冠黄或橙黄色，开花后深红色；果球形，紫黑色（图8-29）。

园林应用：马缨丹是叶、花两用观赏植物，花期长，全年均能开花，最适观赏期为春末至秋季，既可成片种植也可单独种植作盆栽花。

花   枝叶

图8-29　马缨丹

九、萼距花 *Cuphea hookeriana* Walp.

科属：千屈菜科，萼距花属。

形态特征：灌木或亚灌木状；直立，粗糙，被粗毛及短小硬毛；分枝细，密被短柔毛；叶薄革质，披针形或卵状披针形；花单生于叶柄之间或近腋生，组成少花的总状花序（图 8-30）。

园林应用：萼距花不仅植株低矮、长势整齐、花期集中、株形紧凑、花色艳丽、枝叶繁茂，如管理得当，可以达到一次种植多年观赏的效果，是组建花篱的优良材料。

枝叶   花

图8-30　萼距花

十、六月雪 *Serissa japonica* 'Variegata'

科属：茜草科，白马骨属。

形态特征：六月雪，小灌木；叶革质，卵形或倒披针形全缘，无毛；叶柄短；花单生或数朵簇生小枝顶部或腋生；花冠淡红或白色。金边六月雪，常绿矮小灌木；分枝细密；叶对生，常聚生于小枝上部，卵形至卵状椭圆形，全缘（图 8-31）。

园林应用：六月雪（金边六月雪）是可观叶又可观花的优良观赏植物，可配植于雕塑或花坛周围作镶边材料，也可作矮篱和地被材料，还可点缀于假山石间或盆栽观赏。

花 　　　　　　　　　　　　　　　枝叶

图8-31　六月雪

十一、粉花绣线菊 *Spiraea japonica* L. f.

科属：蔷薇科，绣线菊属。

形态特征：直立灌木；枝条细长，开展，小枝近圆柱形，无毛或幼时被短柔毛；冬芽卵形，先端急尖，有数个鳞片（图 8-32）。

园林应用：粉花绣线菊可作花坛、花境，或植于草坪及园路等处构成夏日佳景，亦可作基础种植。

花蕾 　　　　　　　　　　　　　　枝叶

图8-32　粉花绣线菊

十二、木本曼陀罗 *Brugmansia arborea* (L.) Lagerh.

科属：茄科，木曼陀罗属。

形态特征：常绿灌木或小乔木；茎粗壮，上部分枝，全株近无毛；单叶互生，叶片卵状披针形、卵形或椭圆形，不对称，全缘、微波状或有不规则的缺齿，两面有柔毛；花单生叶腋，俯垂，芳香，花冠白色，脉纹绿色，长漏斗状；浆果状蒴果（图 8-33）。

园林应用：木本曼陀罗可作为庭院或墙角、屋隅的配植材料，是观赏价值较高的园林植物，也可作盆栽欣赏。

树形 枝叶

图8-33　木本曼陀罗

十三、红花银桦 *Grevillea banksii* R. Br.

科属：山龙眼科，银桦属。

形态特征：常绿灌木或小乔木；小枝及花序被锈色茸毛；叶互生；春至夏季开花，总状花序，顶生，花色橙红至鲜红色；蓇葖果歪卵形，扁平，熟果呈褐色（图8-34）。

园林应用：开花时节红花银桦整个树冠外围满树红花，十分醒目；可用于花境、庭院、道路绿带。

叶

树形 花

图8-34　红花银桦

十四、溪畔白千层 *Melaleuca bracteata* F. Muell.

科属：桃金娘科，白千层属。

形态特征：常绿灌木或小乔木；主干直立，小枝细柔至下垂，微红色，被柔毛；叶互生，革质，金黄色，披针形或狭长圆形；穗状花序生于枝顶，花后花序轴能继续伸长；花白色；蒴果近球形；枝条细长柔软，嫩枝红色，叶秋、冬、春三季表现为金黄色，夏季由于温度较高为鹅黄色，芳香宜人（图8-35）。

园林应用：溪畔白千层是观色赏叶树种，广泛用于庭园、道路、居住区绿化；还可修剪成球形、伞形、金字塔形等各式各样的形状点缀园林空间。

树形

花

枝叶

图8-35 溪畔白千层

十五、巴西野牡丹 *Tibouchina semidecandra* (Mart. et Schrank ex DC.) Cogn.

科属：野牡丹科，光荣树属。

形态特征：常绿小灌木；枝条红褐色；叶对生，长椭圆形至披针形，两面具细茸毛，全缘；花顶生，大型，深紫蓝色，花萼红色；蒴果杯状球形（图8-36）。

园林应用：植株清秀雅丽，叶片浓绿，花朵大而极美观，深蓝紫色，雄蕊白色上曲，是优良的观花灌木；适宜片植、丛植于花坛边缘、路边或草坪上；亦可与叶子花、假连翘、黄金榕等植物组合成景。

枝叶

花

树干

图8-36　巴西野牡丹

十六、光叶子花 *Bougainvillea glabra* Choisy

科属：紫茉莉科，叶子花属。

形态特征：藤状灌木；枝、叶密生柔毛；刺腋生、下弯；叶片椭圆形或卵形，基部圆形，有柄；花序腋生或顶生，花瓣颜色丰富；果实密生毛（图 8-37）。

园林应用：在南方光叶子花常用于庭院绿化，作花篱、棚架植物，花坛、花带的配植，均有其独特的风姿。

叶

花

图8-37　光叶子花

第三节 草 本

一、郁金香 *Tulipa gesneriana* L.

科属：百合科，郁金香属。

形态特征：多年生草本植物；具鳞茎，内面顶端和基部有少数伏毛；叶条状披针形至卵状披针形；花单朵顶生，大型而艳丽；花被片红色或杂有白色和黄色，有时为白色或黄色，花丝无毛，无花柱，柱头增大呈鸡冠状；花期4—5月（图8-38）。

园林应用：郁金香是世界著名的球根花卉，以及优良的切花品种，同时为广泛栽培的花卉，历史悠久，品种很多；花卉刚劲挺拔，叶色素雅秀丽，荷花似的花朵端庄动人，惹人喜爱。

叶　　　　　　　　　　花

图8-38　郁金香

二、一串红 *Salvia splendens* Ker-Gawler

科属：唇形科，鼠尾草属。

形态特征：草本或亚灌木状植物；茎钝四棱形，具浅槽，无毛；叶卵形或三角状卵形；轮伞花，组成顶生总状花序；小坚果暗褐色，顶端不规则皱褶，边缘具窄翅（图8-39）。

园林应用：一串红是常用红色花系，花朵繁密，色彩艳丽，常用作花丛花坛的主体材料，也可植于带状花坛或自然式植于林缘；一串红矮生品种更宜用于花坛。

花

茎

株形

图8-39　一串红

三、朱唇 *Salvia coccinea* L.

科属：唇形科，鼠尾草属。

形态特征：一年生或多年生草本植物；根纤维状，密集；茎直立，单一或多分枝；叶片卵圆形或三角状卵圆形，草质，上面绿色，被短柔毛，下面灰绿色，被灰色的短茸毛；轮伞花序，疏离，组成顶生总状花序；小坚果倒卵圆形，黄褐色，具棕色斑纹（图 8-40）。

园林应用：可用于布置花坛或花境，亦可丛植于草坪之中，景观美化效果好。

花

茎叶

图8-40　朱唇

四、芦苇 *Phragmites australis* (Cav.) Trin. ex Steud.

科属：禾本科，芦苇属。

形态特征：多年水生或湿生的高大禾草；根状茎十分发达；秆直立，叶鞘下部者短于其上部者，长于其节间；叶片披针状线形，无毛，顶端长渐尖成丝形；圆锥花序，分枝多数；颖果长约 1.5 mm（图 8-41）。

园林应用：芦苇多用于驳岸或湿地景观。

株形　　　　　　　　　　　　　　　　　　茎叶

图8-41　芦苇

五、芦竹 *Arundo donax* L.

科属：禾本科，芦竹属。

形态特征：多年生草本植物；具有发达根状茎，秆粗大直立，叶鞘长于节间；叶片扁平，基部白色，抱茎；圆锥花序极大型，分枝稠密，斜升；颖果细小，呈黑色；花、果期 9—12 月（图 8-42）。

园林应用：多用于驳岸或湿地景观。

茎　　　　　　　　　　　　　　　　　　　叶

图8-42　芦竹

六、燕麦草（原变种）*Arrhenatherum elatius* (L.) Pressl，银边草（变型）*Arrhenatherum elatius* f. *variegatum*

科属：禾本科，燕麦草属。

形态特征：草本植物；须根粗壮，秆直立或基部膝曲；叶片扁平，粗糙或下面较平滑；圆锥花序疏松，灰绿色或略带紫色，分枝簇生，直立，粗糙。银边草（变型）与原变种的区别在于：秆基部膨大呈念珠状；叶片较长，具黄白色边缘（图8-43）。

园林应用：燕麦草为饲料及观赏植物；银边草引种栽培，供观赏。

茎　　　　　　　　　　　　　　　　叶

图8-43　燕麦草

七、肾形草 *Heuchera micrantha* Douglas ex Lindl.

科属：虎耳草科，矾根属。

形态特征：多年生耐寒草本花卉，浅根性；叶基生，叶片阔心形，深紫色，颜色各异，浅根系；花很小，呈钟状，红色，两边对称；4—6月开花（图8-44）。

园林应用：肾形草是花坛、花境、花带等景观配置的理想材料，又可盆栽造景以及立体绿化、美化环境。

花　　　　　　　　　　　　　　　　叶

图8-44　肾形草

八、金光菊 *Rudbeckia laciniata* L

科属：菊科，金光菊属。

形态特征：多年生草本植物；茎上部有分枝，无毛或稍有短糙毛；叶互生，无毛或被疏短毛；头状花序单生于枝端，具长花序梗，总苞半球形；舌状花金黄色；瘦果无毛，压扁，顶端有具小冠；花期7—10月（图8-45）。

园林应用：金光菊株形较大，盛花期花朵繁多，且开花观赏期可长达半年，因而适合公园、办公场所、学校、庭院等场所布置，亦可做花坛、花境材料，也是切花、瓶插之精品，此外也可布置草坪边缘成自然式栽植。

茎叶

花　　　　　　　　　　　　　　　　　　株形

图8-45　金光菊

九、银叶菊 *Jacobaea maritima* (L.) Pelser & Meijden

科属：菊科，疆千里光属。

形态特征：多年生草本植物；茎灰白色，植株多分枝；叶羽状裂，正反面均被银白色柔毛；头状花序集成伞房花序，舌状花小、金黄色，管状花褐黄色；花期6—9月（图8-46）。

园林应用：银叶菊叶色银白，观赏价值高，盆栽适合卧室、书房、餐厅、阳台等处栽培观赏，也常用于庭院的路边、墙边栽培；园林中可用于布置花境、花坛或造型等。

株形   茎叶

图8-46 银叶菊

十、秋英 *Cosmos bipinnatus* Cavanilles

科属：菊科，秋英属。

形态特征：一年生或多年生草本植物；叶二次羽状深裂，裂片线形或丝状线形；头状花序单生；瘦果黑紫色；花期6—8月，果期9—10月（图8-47）。

园林应用：秋英用于公园、花园、草地边缘、道路旁、小区旁的绿化栽植。

花

株形   茎叶

图8-47 秋英

十一、松果菊 *Echinacea purpurea* (Linn.) Moench

科属：菊科，松果菊属。

形态特征：多年生草本植物；全株具粗毛，茎直立；基生叶卵形或三角形，茎生叶卵状披针形，叶柄基部稍抱茎；头状花序单生于枝顶，或数多聚生，舌状花紫红色，管状花橙黄色；花期6—7月（图8-48）。

园林应用：松果菊可作背景栽植或作花境、坡地材料，亦作切花。

茎叶

株形 花

图8-48 松果菊

十二、万寿菊 *Tagetes erecta* L.

科属：菊科，万寿菊属。

形态特征：一年生草本植物；茎直立，粗壮，具纵细条棱，分枝向上平展；叶羽状分裂，裂片长椭圆形或披针形，边缘具锐锯齿，上部叶裂片的齿端有长细芒，沿叶缘有少数腺体；头状花序单生，花序梗顶端棍棒状膨大；花期7—9月（图8-49）。

园林应用：万寿菊常于春天播种，因其花大、花期长，故常用于花坛布景。

花　　　　　　　　　　　　　　　　　叶

图8-49　万寿菊

十三、山桃草 *Gaura lindheimeri* Engelm. et Gray

科属：柳叶菜科，山桃草属。

形态特征：多年生粗壮草本植物，常丛生；茎直立；株常多分枝，入秋变红色，被长柔毛与曲柔毛；叶无柄，椭圆状披针形或倒披针形，向上渐变小，先端锐尖，基部楔形，边缘具远离的齿突或波状齿，两面被近贴生的长柔毛；花序长穗状，生茎枝顶部，不分枝或有少数分枝，直立；蒴果坚果状（图 8-50）。

园林应用：其花形似桃花，极具观赏性，供花坛、花境、地被、盆栽、草坪点缀。

株形

茎叶

花

图8-50　山桃草

十四、美女樱（细叶美女樱）*Glandularia × hybrida* (Groenland & Rümpler) G.L.Nesom & Pruski[*Glandularia tenera* (Spreng.) Cabrera]

科属：马鞭草科，美女樱属。

形态特征：多年生草本植物；全株有细茸毛，植株丛生而铺覆地面；茎有四棱，叶对生，深绿色；穗状花序顶生，密集呈伞房状，花小而密集，有白色、粉色、红色、复色等，具芳香；花期为 5—11 月（图 8-51）。

园林应用：其喜阳光，不耐阴，较耐寒，不耐旱，在疏松肥沃、较湿润的中性土壤能节节生根，可用作花坛、花境材料，也可盆栽观赏或布置花台、花园、林隙地、树坛中。

茎叶　　　　　　　　　　　　　　花

图8-51　美女樱

十五、花毛茛 *Ranunculus asiaticus* L.

科属：毛茛科，毛茛属。

形态特征：多年生球根草本植物；块根纺锤形；茎单生，或少数分枝；基生叶轮廓为阔卵形，具长柄，为三出复叶；茎生叶小，近无柄，羽状细裂；花单生或数朵聚生于茎顶，花有红、黄、白、橙及紫等多色，重瓣或半重瓣；花期春季（图8-52）。

园林应用：花毛茛花大秀美，且花色丰富，具有牡丹的风韵，因此有俗称"洋牡丹"，可片植于林下、林缘、小径边或庭院中，也可数株点缀于草地边、假山石旁或用于花坛、花台等处，是花境、花带不可或缺的观花草本植物。

花

茎

叶

图8-52　花毛茛

十六、千屈菜 *Lythrum salicaria* L.

科属：千屈菜科，千屈菜属。

形态特征：多年生草本植物；根茎粗壮；叶对生，披针形或宽披针形，先端钝或短尖，基部圆或心形，无柄；聚伞花序，簇生，花梗及花序梗甚短，花枝似一大型穗状花序，苞片宽披针形或三角状卵形（图 8-53）。

园林应用：花卉植物株丛整齐，耸立而清秀，花朵繁茂，花序长，花期长，是水景中优良的竖线条材料，最宜在浅水岸边丛植或池中栽植，也可作花境材料及切花、盆栽或在沼泽园用。

株形 花

图8-53 千屈菜

十七、花烟草 *Nicotiana alata* Link et Otto

科属：茄科，烟草属。

形态特征：多年生草本植物；全体被黏毛；茎下叶铲形或矩圆形，基部稍抱茎或具翅状柄，向上呈卵形或卵状矩圆形，近无柄或基部具耳，接近花序即呈披针形；花序为假总状式，疏散生几朵花；蒴果卵球状；种子灰褐色（图 8-54）。

园林应用：其花期长，可达两个月，有很好的观赏价值；可盆栽，放在室内做装饰品。

茎叶 花

图8-54 花烟草

十八、风车草 *Cyperus involucratus* Rottboll

科属：莎草科，莎草属。

形态特征：草本植物；根状茎短，粗大，须根坚硬；秆稍粗壮，近圆柱状，上部稍粗糙，基部包裹以无叶的鞘，鞘棕色；小坚果椭圆形，近于三棱形（图8-55）。

园林应用：风车草在我国南北各省均见栽培，作为观赏植物。

株形　　　　　　　　　　　　　　　　花

图8-55　风车草

十九、百子莲 *Agapanthus africanus* Hoffmgg.

科属：石蒜科，百子莲属。

形态特征：多年生草本植物；具鳞茎；叶线状披针形或带形，近革质，从根状茎上抽生而出；伞形花序，花漏斗状，深蓝色、白色；花期7—8月，果期秋季（图8-56）。

园林应用：其花色优雅，花形秀丽，适合公园、庭院等的路边、山石边、墙垣处、绿地栽培观赏，也可盆栽用于阳台、天台等处装饰。

茎叶　　　　　　　　　　　　　　　　花

图8-56　百子莲

二十、葱莲 *Zephyranthes candida* (Lindl.) Herb.

科属：石蒜科，葱莲属。

形态特征：多年生草本植物；鳞茎卵形；叶线形，肥厚；花白色，外面稍带淡红色；花茎中空，单花顶生（图 8-57）。

园林应用：葱莲喜阳光充足，耐半阴，常用作花坛的镶边材料，也宜绿地丛植，最宜作林下半阴处的地被植物，或于庭院小径旁栽植。

花①

花②

图8-57　葱莲

二十一、*韭莲 *Zephyranthes carinata* Herbert

科属：石蒜科，葱莲属。

形态特征：多年生草本植物；鳞茎卵球形；基生叶常数枚簇生，线形，扁平；花单生于花茎顶端，玫瑰红色或粉红色；蒴果近球形；种子黑色（图 8-58）。

园林应用：花期春夏秋，适宜在花坛、花镜和草地边缘点缀，或成片地栽，都很美观；盆栽作室内装饰，花、叶都可观赏。

花　　　　　　　　　　　　　　　茎叶

图8-58　韭莲

二十二、紫娇花 *Tulbaghia violacea* Harv.

科属：石蒜科，紫娇花属。

形态特征：多年生球根花卉，成株丛生状；叶狭长线形，茎叶均含韭味；顶生聚伞花序，花茎细长，自叶丛抽生而出，着花十余朵，花粉紫色，芳香；花期春至秋季（图8-59）。

园林应用：花娇小可爱，清新宜人，园林中可用于园路边、林缘下带状片植观赏，也可用于冷色系花境配植，也适合在假山石边、岩石园点缀，或用于庭院营造小型景观，盆栽可用于阳台、天台等处装饰。

花

茎叶

图8-59 紫娇花

二十三、金鱼草 *Antirrhinum majus* L.

科属：车前科，金鱼草属。

形态特征：多年生草本植物，因花状似金鱼而得名；叶片长圆状披针形；总状花序，花冠筒状唇形，有白、红、紫、黄等色；蒴果卵形（图8-60）。

园林应用：金鱼草是夏秋开放之花，喜阳光，耐半阴，较耐寒，不耐酷暑，适生于疏松肥沃、排水良好的土壤，在石灰质土壤中也能正常生长。因此广为栽种，适合群植于花坛、花境。高性品种可用作背景种植，矮性品种宜种植在岩石边或窗台花池，或边缘种植。此花亦可作切花之用。

茎叶

花

图8-60 金鱼草

二十四、毛地黄 *Digitalis purpurea* L.

科属：车前科，毛地黄属。

形态特征：一年生或多年生草本植物；除花冠外，全体被灰白色短柔毛和腺毛，有时茎上几无毛；茎单生或数条成丛；基生叶多数呈莲座状；花冠紫红色，内面具斑点，裂片很短，先端被白色柔毛；蒴果卵形；种子短棒状，除被蜂窝状网纹外，尚有极细的柔毛；花期5—6月（图8-61）。

园林应用：人工栽培品种有白色、粉色和深红色等，一般分为白花自由钟、大花自由钟、重瓣自由钟，常用于花境、花坛及岩石园中，还可作自然式花卉布置。

花　　　　　　　　　　　　　　茎叶

图8-61　毛地黄

二十五、花叶冷水花 *Pilea cadierei* Gagnep. et Guill

科属：荨麻科，冷水花属。

形态特征：多年生草本植物；无毛，具匍匐根茎，茎肉质；叶多汁，干时变纸质，倒卵形，先端骤凸，基部楔形或钝圆，上面深绿色，下面淡绿色；钟乳体梭形，两面明显；托叶淡绿色，干时变棕色，早落；花雌雄异株；花期9—11月（图8-62）。

园林应用：冷水花耐修剪，栽培容易，是耐阴性强的室内装饰植物，可盆栽或吊盆栽培，点缀几架、桌案，翠绿光润、清新秀丽；又可在室内花园作带状或片状地栽布置，在中国南方常作为地被植物。

茎叶①   茎叶②

图8-62　花叶冷水花

二十六、梭鱼草 *Pontederia cordata* L.

科属：雨久花科，梭鱼草属。

形态特征：多年生挺水草本植物；基生叶广卵圆状心形，顶端急尖或渐尖，基部心形，全缘；总状花序，顶生，花蓝色；蒴果；花、果期7—10月（图8-63）。

园林应用：梭鱼草花色清幽，应用极广，适合公园、绿地的湖泊、池塘、小溪的浅水处绿化，也可用于人工湿地、河流两岸栽培观赏，常与其他水生植物如花叶芦竹、水葱、香蒲等配植。

茎叶   株形

图8-63　梭鱼草

二十七、再力花 *Thalia dealbata* Fraser

科属：竹芋科，水竹芋属。

形态特征：多年生挺水草本植物；叶卵状披针形，浅灰蓝色，边缘紫色，长50 cm，宽25 cm；复总状花序，花小，紫堇色（图8-64）。

园林应用：再力花植株紧凑，高大美观，硕大的绿色叶片状似蕉叶，青翠宜人，花序大，小花奇特，为水景绿化的优良草本植物，多成片种植于大型水体的浅水处或湿地，或与同属植物配植形成独特的水体景观。

株形

花、叶

叶

图8-64　再力花

第三篇　成都市人工栽培植物造景应用

第九章

建筑与园林植物造景

园林建筑是独特的园林要素，是供人们游憩或观赏的建筑物。建筑塑造的人工美，如雄伟、轻盈、庄严等形象与周围植物形成的自然美相辅相成；植物具有丰富的色彩、优美的姿态，与建筑搭配富有一种季相变化的感染力和情调，使得建筑与周围环境协调。优秀的建筑植物配景能丰富园林建筑物的艺术构图，使得建筑富有意境和生命力。[①]

第一节　园林建筑的功能

园林建筑作为造园四要素之一，既要满足建筑的使用功能要求，又要满足园林景观的造景要求，并与园林环境密切结合，是与自然融为一体的建筑类型。园林建筑是改善、美化人们生活环境的设施，也是人们休息、游览、文化娱乐的场所，随着园林活动的日益增多，园林建筑类型也日益丰富起来，主要有茶室、餐厅、展览馆、体育场所等等，以满足人们的需要。建筑点景要与自然风景融会结合，常成为园林景观的构图中心主体，或易于近观的局部小景或成为主景，控制全园布局，园林建筑在园林景观构图中常有画龙点睛的作用[②]。赏景时建筑作为观赏园内外景物的场所，一栋建筑常成为画面的焦点，而建筑物与游廊相连则成为动观全景的观赏线[③]。因此，建筑朝向、门窗位置和大小要考虑赏景的要求。园林建筑还常常具有起承转合的作用，当人们的视线触及某处优美的园林建筑时，游览路线就会自然而然地延伸，建筑常成为视线引导的主要标志物。人们常说的步移景异就是这个意思。在园林设计中空间组合和布局是重要内容，常以一系列的空间变化、巧妙安排给人以艺术享受，以建筑构成各种形式的庭院及游廊、花墙、圆洞门等恰是组织空间、划分空间的最好手段。

① 刘洪志. 四川古典园林植物景观营造及传承研究 [D]. 成都：西南交通大学，2017.
② 成玉宁. 园林建筑设计 [M]. 北京：中国农业出版社，2009.
③ 谌莉. 园林建筑设计漫谈 [J]. 知识经济，2008，3：94，102.

第二节　建筑周围植物的造景原则

一、以人为本、因地制宜

任何需布局的景观都是为人而设计，以人们的需求为出发点的。然而人的需求并非完全单纯的只是对美的享受，真正的以人为本应当首先满足人在作为使用者的过程中最根本的需求[①]。植物景观的设计亦是如此，所以设计者必须首先掌握使用其所设计建筑的人的类型及其生活和行为的普遍规律，使设计能够真正满足使用者的基本行为感受和需求，即必须实现其为人服务的基本功能。

在进行植物配置时，要根据植物建筑各方位的生态环境的不同因地制宜地选择适当的植物种类，使植物本身的生态习性和栽植地点的环境条件基本一致，使方案能最终得以实施。这就要求设计者首先对设计场地的环境条件（包括温度、湿度、光照、土壤和空气等）进行实地勘测并进行综合分析，才能根据实际情况确定具体的种植设计[②]。

二、生态性

利用植物群落生态系统的循环和再生功能，维护植物建筑周围的生态平衡。构建人工生态植物群落，是从空间形态上形成物质、能量的循环通道，通过植物吸收养分，依靠分解者改良土壤、净化空气[③]。此外，生态植物群落能挥发多组分气体，有利于空气电离并提高大气负氧离子浓度，促进人们的身心健康。

三、协调性

在植物的形体上，高大乔木气势雄伟，花卉植物秀丽多姿，选择时应按照组群的形式和色彩，采用不同的树形。在植物的色彩上，一般色彩不宜过多，以免喧杂。植物的色彩要以四季的变化进行合理的搭配，突出建筑的主体地位，并与建筑风格协调一致。

第三节　园林植物与建筑的关系

一、建筑对园林植物的作用

（1）建筑能为植物提供基址，改善局部小气候，建筑周围的环境、屋顶为植物提供基址，通过遮挡、围合的作用，能够为各种植物提供适宜的环境条件。

（2）园林建筑对植物造景起到背景、框景、夹景的作用。各种门窗洞对植物起到框景、

① 卢崇望，陈月华.论建筑与植物的配置 [J].现代农业科技，2007，24：39-41.
② 屈海燕.园林植物景观种植设计 [M].北京：化学工业出版社，2013.
③ 高兵.城市植物景观规划 [J].农业技术与装备，2009，22：14-16.

夹景的作用，形成"尺幅窗"和"无心画"，和植物一起组成优美的画面[①]。如苏州博物馆中运用了大量的框景的手法。

（3）园林建筑、匾额、题咏、碑刻和植物共同组成园林景观，以突出主题和意境。匾额、题咏、碑刻等文学艺术手段，在它们和植物组成的园林景观中，蕴含着园林主题和意境[②]。

二、园林植物对建筑的作用

（1）园林植物能够丰富建筑物的艺术构图。园林建筑加上丰富的植物景观和一些特色的植物，活跃了建筑的构图，增加了建筑的艺术氛围。

（2）植物景观能够突出背景、添加前景、创造夹景。园林建筑和植物一起构成园林景观的丰富和完整场景，烘托场地想要表达的气氛，使得建筑主体和园林场地的主题突出。

（3）园林植物还可以协调建筑与周围的环境。在植物的选择上，不同建筑风格应选用不同的植物，做到统一协调，软化建筑生硬感，使建筑景观丰富起来。一些具有庄严、稳重特点的建筑如纪念性园林、陵墓等，在植物选择上常选用松、柏这类植物来象征革命先烈们的精神和品格。

（4）植物的色彩也能影响建筑物的整体构图，植物的色彩往往是建筑物与周围环境过度的中间色。植物季相变化的特点，使建筑物也有春、夏、秋、冬四个季节不同的景观。

（5）合理适度的植物景观营造也能分割、限定建筑周围的空间环境，增强视线感和整体感。

第四节　不同风格建筑的植物配置

一、中国古典园林中建筑的植物配置

中国古典园林追求的不光是景色，还追求一种意境，因此，在植物搭配时要充分考虑植物周围的环境，尽可能地将植物和周围的景色融为一体。例如，在水边种上垂柳，就可以形成一种动静结合的美，垂柳打破了水面的平静，也给水池增加了生机，两者交相辉映（如图9-1）。中国古典园林的植物配置不仅考虑植物和环境两者的融合，还要考虑整个园林的气氛，通过植物烘托整个园林的氛围，使景观的寓意和植物的内涵达到大和谐。中国古典皇家园林为了反映帝王至高无上的权利和威严，宫殿建筑群具有体量大、色彩浓重、布局严整、等级分明的特点，常选用姿态苍劲、意境深远的中国传统树种，如白皮松、油松、圆柏、青檀、玉兰、银杏、国槐等树种[③]。

---

① 肖和忠，张玉兰.试论园林建筑的植物配置[J].河北农业技术师范学院学报，1998，4：52-55.
② 陈文凌.浅谈园林建筑与植物配置的关系及作用[J].山西建筑，2007，27：349-350.
③ 王立华.园林植物种植设计刍议[J].黑龙江交通科技，2009，32(7)：188..

① ② ③ ④

图9-1　中国古典园林中建筑的植物配置

二、现代建筑的植物配置

　　现代建筑造型比较灵活，形式多样。树种选择范围较广，一般根据具体环境条件、功能和景观要求选择适当树种。如白皮松、油松、圆柏、云杉、雪松、龙柏、合欢、海棠、玉兰、银杏、国槐、牡丹、芍药、迎春、连翘、榆叶梅等都可选择，栽植形式亦多样[①]（图 9-2）。

① ②

图9-2　现代建筑的植物配置

[①] 陈有民. 园林树木学 [M]. 北京：中国林业出版社，1990.

第五节 建筑不同部位的植物配置

一、建筑背阴面的植物配置

建筑背阴面光照时间短、隐蔽范围随纬度、太阳高度而变化，以漫射光为主；夏日午后、傍晚各有少量直射光。冬季温度较低，相对湿度较大，风大，寒冷[①]。在植物选择方面，首先应选择耐阴、耐寒树种；不设出入口的可采用树群或多植物层次群落，以遮挡冬季的北风；设有出入口的选用圆球形花灌木，于入口处规则式种植。建筑的背阴面的距离还和太阳的入射角度有关系。比如北京地区，春分、秋分背阴距离＝0.3倍楼高，冬至背阴距离＝0.8倍楼高，冬至背阴距离＝2~3倍楼高。因此，一般选择高大树木作为背景树，优先选用常绿的植物（图9-3）。

 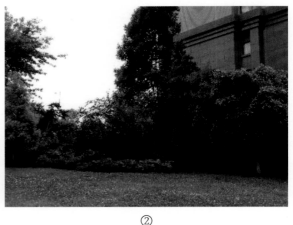

①   ②

图9-3 建筑背阴面的植物配置

二、建筑前的植物配置

建筑前得有一定面积的集散空间，需根据不同的功能决定植物的大小和体量。应考虑树高、树形的相互协调，树要和建筑有一定的安全距离，并且和窗户要错开，以免影响采光、通风，不能过多地遮挡建筑的立面。同时，还应考虑到栽植是否影响植物的正常生长（图9-4）。

---

① 蔡如，韦松林 . 植物景观设计 [M]. 昆明：云南科技出版社，2005.

①

②

图9-4　建筑前的植物配置

三、建筑入口的植物配置

门是建筑的入口,和墙一起分割空间,门应该和路、石、植物一起组景形成优美的艺术构图,植物起到丰富建筑构图、增加生机和空间,软化门的几何线条、增加景深、延伸空间的作用(图9-5)。

①

②

③

图9-5　建筑入口的植物配置

四、建筑墙基和墙面的植物配置

建筑墙基是建筑体和大地直接接触的形式，涉及与自然景观协调问题。建筑墙基墙面植物设计是缓解建筑生硬的边界，和自然和谐过渡的重要手段。植物应选用中华常春藤、地锦等攀缘植物，观花、观果小灌木甚至极少数乔木进行垂直绿化。通过种植攀缘植物，在夏季可以降低室内温度 3~4℃[①]。利用建筑南墙良好的小气候，引种不耐寒但观赏价值较高的植物，形成墙园（图 9-6）。

② ③

①

图9-6　建筑墙基和墙面的植物配置

五、角隅的植物配置

建筑角隅一般空间范围较小，风的流速较低，周围都是硬质景观。将植物植于角隅，可以活跃生硬的建筑线条，打破呆板的画面。一般选用观花、观果、观干种类植物成丛种植，宜和假山石搭配共同组景（图 9-7）。

---

① 张吉祥. 园林植物种植设计 [M]. 北京：中国建筑工业出版社，2001.

①   ②

图9-7　角隅的植物配置

第六节　不同建筑单体的植物配置

一、景观亭的植物配置

亭是中国古典园林中不可或缺的景观要素，素有"园林眼睛"的美誉。而植物作为园林景观的要素，与亭搭配，往往相得益彰，更加突显彼此的魅力。一般亭所在的位置是景观节点，如果配以鲜亮的植物，则可吸引游人沿最佳路线游览全园。这类亭往往安置石桌、坐凳用于游人休息，因此植物配置需要考虑形成一些半私密空间，遮挡嘈杂的环境，并且留出值得观赏的画面，正如中国园林中移步换景的模式（图 9-8）。

①   ②

图9-8　景观亭的植物配置

二、水榭旁的植物配置

水榭一般设置在有水的场地，周围环境比较潮湿，植物应选择水生、耐水湿植物，水生植物如荷、睡莲，耐水湿植物如水杉、水松、旱柳、垂柳、白蜡、柽柳、丝棉木等树种（图9-9）。

图9-9　水榭旁的植物配置

三、服务性建筑的植物配置

公园中管理室、厕所等观赏价值不大的服务性建筑，不宜过多选择香花植物，通常选择竹、珊瑚树、藤木等较合适，也可搭配一些草花作点缀，但不宜遮挡标识标牌（图9-10）。

①

②

③

图9-10　服务性建筑的植物配置

第七节 园林建筑小品的植物配置

一、栏杆的植物景观

栏杆的绿化，一般以攀缘植物借助于各种构件生长来实现，其功能除防护作用外，还可用以划分庭院空间。[①] 栏杆一般多为铁质、木质、塑料的，在观感上非常的生硬，不具备美感。栏杆绿化的攀缘植物常见的有藤本月季、忍冬、蔷薇类、牵牛花等。适于围墙绿化的攀缘植物有地锦、凌霄、茑萝等。栅栏不宜选用爬山虎等叶片发达且分枝较多的植物，而应选择忍冬、常春藤、油麻藤等缠绕类植物（图 9-11）。

①　　　　　　　　　　　　　　　　　②

图9-11　栏杆的植物景观

二、花架的植物景观

花架是为了支持藤本植物生长而设置的构筑物，是建筑物与植物相结合的造景元素。园林中的花架既可作小品点缀，又可成为局部空间的主景；既是一种可供休息赏景的建筑设施，又是一种立体绿化的理想形式[②]。花架作为一件艺术品，既要在绿荫掩映时可坐赏周围的风景和休息，又要在落叶时仍可用且具有较强的观赏性，在设计时，不应仅作构筑物来设计，还应该考虑植物与花架的对应关系（图 9-12）。

[①] 申志强. 建筑绿化的技术研究 [D]. 天津：河北工业大学，2007.
[②] 黄桂兰. 浅谈藤本植物与城市的垂直绿化 [J]. 西南园艺，2003，2：40.

图9-12　花架的植物景观

三、座椅旁的植物景观

座椅是各种园林绿地中必不可少的设施，供游人休息、交流和观赏风景，同时还有组织风景和点缀风景的作用。在座椅周围往往种植树大荫浓的乔木，为游人提供一个可以庇荫的、相对开阔的空间环境；与花坛组合的座椅，以花坛为中心，或包含花坛，或与花坛相间，形成一体的空间环境，使游人在休息的同时可以观景（图9-13）。

图9-13　座椅旁的植物景观

第十章

道路与园林植物配置

　　道路是人们生活、生存、生产空间当中不可或缺的构成要素之一，它既起着连接沟通的作用，又是景观风貌的展示窗口。本章将重点着眼于城市道路与园林绿地道路两大部分，并对其植物配置进行简单介绍。

　　城市当中由道路组成的网络系统构成了城市空间结构、划分了城市用地功能，同时还为人类和物品的运输提供了通道，而道路两旁的绿化用地不仅丰富、完善着道路景观、功能的综合展现，更承担着优化交通、组织街景、改善小气候等功能责任。此外，多样化的绿地形式和多变的季相色彩也影响着城市景观空间的品质。相对应的，在园林绿地中，道路在组织交通、集散等基础功能之上，还发挥着导游的作用。

　　总而言之，于道路绿化景观设计而言，首先需要遵循相关生态学原理，其次，在此基础上依据美学特征和人的行为游憩学原理来展开植物配置工作。

第一节　城市道路植物配置

　　城市道路是组成城市空间环境的重要部分，而城市道路绿化则更是在公路建设中具有举足轻重的地位，它对于提升交通安全性和舒适性，保护城市原有自然环境和改善人居生活环境质量等都具有极为重要的意义。

一、城市道路分类

　　在传统城市道路分类体系中，包括了以下四种主要的道路类型：①干线道路（Arterial Road/Street）；②集散道路（Collector Street）；③地方道路（Local Street）；④交流道路（Access Road）①。

　　目前现有的城市道路分类方法大部分着眼于管理方面，并基于此进行划分。依据我国 2018 年 9 月发布的《城市综合交通体系规划标准》（GB/T 51328—2018）中的分类方式（表 10-1 和表 10-2），对比其分类标准可进行多种道路分类。本章选取依据道路等级进行分类的标准进行介绍。首先，参照道路等级分类方法，可将城市道路分为快速路、主干路、次干路和支路四大

① 王志玮，芮建秋，樊钧，等．新时期规划背景下城市道路分类体系及方法刍议 [C]// 中国城市规划设计研究院城市交通专业研究院．品质交通与协同共治：2019 年中国城市交通规划年会论文集．成都：中国城市规划学会城市交通规划学术委员会，2019：1396-1407.

类，在此基础之上，进一步扩展提出了大、中、小三个类别的分类体系标准，同时增加了干线道路、集散道路、支线道路的功能等级划分大类，此外，通过下一级小类的细分可对比出快速路和主干路的区别。

表 10-1　《城市综合交通体系规划标准》（GB/T 51328—2018）中不同道路类型与用地服务关系要求

连接类型	用地服务			
	为沿线用地服务很少	为沿线用地服务较少	为沿线用地服务较多	直接为沿线用地服务
城市主要中心之间连接	快速路	主干路	—	—
城市分区（组团）间连接	快速路/主干路	主干路	主干路	—
分区（组团）内连接	—	主干路/次干路	主干路/次干路	—
社区级渗透连接	—	—	次干路/支路	次干路/支路
社区到达性连接	—	—	支路	支路

表 10-2　《城市综合交通体系规划标准》（GB/T 51328—2018）中不同等级道路划分对应说明

大类	中类	小类	功能说明	设计速度/(km·h^{-1})	高峰小时服务交通量推荐（双向 pcu）
干线道路	快速路	Ⅰ级快速路	为城市长距离机动车出行提供快速、高效的交通服务	80~100	3 000~12 000
		Ⅱ级快速路	为城市长距离机动车出行提供快速交通服务	60~80	2 400~9 600
干线道路	主干路	Ⅰ级主干路	为城市主要分区（组团）间的中、长距离联系交通服务	60	2 400~5 600
		Ⅱ级主干路	为城市主要分区（组团）间的中、长距离联系以及分区（组团）内部主要交通联系服务	50~60	1 200~3 600
		Ⅲ级主干路	为城市主要分区（组团）间联系以及分区（组团）内部中等距离交通联系提供辅助服务，为沿线用地服务较多	40~50	1 000~3 000
集散道路	次干路	次干路	为干线道路与支线道路的转换以及城市内中、短距离的地方性活动组织服务	30~50	300~2 000
支线道路	支路	Ⅰ级支路	为短距离地方性活动组织服务	20~30	—
		Ⅱ级支路	为短距离地方性活动组织服务的街坊内道路、步行、非机动车专用路等	—	—

城市道路当中及周边的绿化是城市道路工程的重要组成部分，其不仅关乎城市形象，更是城市风景面貌、人文景观的主要展示窗口。风景秀丽、宜心舒适的道路绿化景观正是城市生态环境、人文风貌、文化含蕴的集中体现。在道路绿化景观中，植物是最具生命活力的元素之一，因此，对于绿化植物的选择和配置直接关系到道路景观观赏价值的高低，进而影响到道路绿化的建设水平。

基于此，如要打造优良的道路绿化环境，就需聚焦于植物特性方面，根据不同植物的观赏效果进行综合整体的配置互搭，以创造优美、长效的道路绿化景观。城市道路绿化所独具的功能作用（如：净化空气、组织交通、减弱噪声、防风固沙、改善小气候等）在环境保护形势日益严峻的今天，更是发挥着非同一般的重要意义 [①]。

二、城市道路绿化植物的选择原则

（一）因地制宜，适地适树

道路绿化中需遵循的首要原则便是因地制宜，依据植物生长特性选择适种性植物进行栽植。由于各地域自然环境条件的差异（如气候、土壤、地形条件等）以及不同道路环境间的区别，在选择配置方面对植物的基本要求是：①易于存活；②便于移植栽种；③便于养护管理；④呈现景观持久。其中，优先考虑展示城市风貌、体现城市内涵的乡土树种，以市花、市树为最佳，例如，成都市市树银杏，其枝干挺拔端庄，枝叶舒展秀美，季相变化明显，春可赏新芽，夏可观绿荫，秋可看落叶，冬可品虬枝，一年四季皆有景可赏。乡土植物在长期的种植过程中已完全适应当地的环境和土壤条件，易于存活生长，同时由于养护管理人员对其特性较为了解，在后期的养护、管理、繁殖等方面也更为便利，相应也会节约维护管理费用，降低工程造价。当然，为打造多元化的景观效果，引进一些外来种的植物也是不可或缺的，在种植乡土植物的基础之上，搭配些许外来植物，营造出多彩融合的道路绿化景观，带给人们新鲜清新的视觉审美感受，能够进一步提升景观效果。

（二）环保美观，净化环境

由于道路绿化所处位置的特殊性，其所在环境多车辆行驶后排放的废气和卷起的粉尘。因此，道路绿化美化环境、净化空气的作用尤其重要，不仅需要其本身对环境不会造成不良影响（在绿化植物选择配置方面应尽量避免有飞絮、有异味、有毒、有黏液、有刺的植物，如柳树、杨树等），还需要绿化植物具备相应吸收废气、附着灰尘、降低噪声、净化空气的功能。

（三）保障安全，优化景观

道路绿化作为道路工程的组成部分，是对道路功能的辅助和补充。交通道路安全性的保障是其首要功能，因此，在道路绿化植物选择上更应谨慎细致，避免选择一些树枝延伸过长、树冠茂密过大、生长速度极快、根系过于发达的品种，应该选择树姿挺拔通直、不蔓不枝、分枝较高、根系适中向下延伸的品种，防止绿化植物遮挡行驶者的视线，避免植物根系生长对交通道路造成破坏。在满足了安全性的基础上，道路绿化的美化功能也必不可少。在选择上应遵循以下原则：常绿植物与落叶植物相互搭配，乔木、灌木、草本、花卉植物相互搭配。注意植物季相变化，使得道路绿化四季有景可观。

三、城市道路绿化植物配置的原则

（一）实用性原则

城市的道路景观体现着城市的发展，在不同类型道路绿化设计方面要注意突出其功能和特色，依据道路交通情况，在实际分析基础上进行科学的规划，彰显道路绿化的实用性。首先，道路绿化因其所处位置和所在环境的特殊性，要求其首要功能为净化空气、降低噪声、遮阴降

---

① 朱广龙.道路绿化植物选择与配置方法研究：以西安市东三环路为例 [D]. 咸阳：西北农林科技大学，2016.

温。其次，才是道路绿化的美化观赏功能。由此，对于道路绿化植物的选择和配置也要求首先注重其生态作用，其次考虑美观效果功能。

（二）生态性原则

由于城市道路景观是城市建设体系的重要构成部分，在规划设计上应秉持因地制宜的理念，依据城市环境中地形、土壤、气候、人文等因素的特性，利用当地乡土植物资源进行科学合理的配置。如所在道路处于工业园区中，则在园林植物的选择上应注意挑选相应具有吸收有害气体、抗性强、适应能力出色的植物；在风景区中的道路，在其绿化植物选择上应选择具有降低噪声、净化空气、改善小气候等功能的植物。此外，在道路绿化植物选择上应注重品种的多样化，丰富植物种类，营造多彩的道路景观，更为重要的是可以避免因使用单一植物而造成的大面积病虫害的发生。

（三）个性化原则

道路绿化呈现出的景观效果是构成城市街景的重要一环，直接关系着城市文明、地域文化、内涵特色的体现。因此，在植物配置方面，也需要依据城市特点（如历史文脉、社会风俗、经济文化等特点）来进行道路植物景观的打造。在道路绿化规划设计方面，应当注重保护原有自然环境，体现本土自然风貌，并在此基础上结合人文环境，利用乡土植物资源，进行科学合理的配置组合，营造出具有地域特色的道路绿化风景，突显道路绿化景观的文化内涵，展示当地社会风俗民情，使其景观独具城市特色。

（四）可持续性原则

在城市道路景观规划设计中应秉持可持续发展的理念，树立长远的观念，不仅需要立足于现实当前，更要着眼于日后产生的长远的效益（如经济效益、生态效益、文化效益等）。在道路绿化植物景观打造方面，不仅要求注重植物景观短期即时效果的改善，还需兼顾植物景观长期生长繁殖状况。基于对交通道路安全性及后期养护管理费用的考虑，要求道路绿化景观尽量能够长期保持优越的景观效果，避免多次施工、补种，因此，在植物配置选择上，需要对乔木、灌木、草本、花卉、藤本植物等依据其长势、科属种源、常绿落叶等状况进行合理搭配组合。强调速生品种与慢生品种相结合、落叶树种与常绿树种相结合，保证道路绿化景观长期景观效果的呈现。

四、城市道路绿化的主要布置形式

依据道路不同特点，其绿化景观的布置主要总结为以下几种形式：

（一）一板二带式

即把行道树栽植于交通道路两侧，用以划分车行道与人行道，该种形式是道路绿化最主要的布置方式。其主要优点是有较强的操作性，能够节约道路绿化景观的造价成本，且后期养护管理方面较为便利。然而，其不足之处在于当交通道路路面过宽时（尤其是当路宽大于行道树树冠时），难以达到遮阴效果，道路绿化功能有所缺失。

（二）二板三带式

即把行道树栽植于交通道路两侧以划分车行道与人行道，且在道路中央布置绿化，以划分双向行驶的车辆。该种道路绿化形式能够将相互对向行驶的车辆进行分隔，增强了交通道路的安全性，在高速公路和快速干道上应用得较多。

（三）三板四带式

即是利用绿化带将路面划分为三个部分，中间部分为机动车道，两侧部分为非机动车道。这种方式的优点是有利于提高交通道路的安全性，并且方便管理，同时所呈现出的绿化景观效果也较好。

（四）四板五带式

即是利用三条绿化分隔带将车行道划分为四个部分，分别为来往的机动车道和非机动车道，边缘两侧栽植行道树划分车行道与人行道，这种布置方式可以有效保证各种车辆对向行驶，互不干扰。值得注意的是，如若道路宽度不宜设置五带，则可用栏杆代替绿化带，也能够起到分离隔断的作用[1]（图10-1）。

图10-1　四板五带式道路绿化

五、不同类型城市道路绿化植物配置要点

（一）林荫行道树带植物配置

随着当代城市道路建设技术的提高，道路质量提升迅速，由此行驶车辆的车速也相应有所提高。因此，在设置道路绿化景观时应加长景观单元范围，一般以200~300 m为一个独立景观单元为宜。对于林荫道和人行道两侧植物的选择，要求栽植一些树冠较大、树荫浓密的植物，能够起到遮阴纳凉、吸尘减噪、净化空气的作用。在行道树种植方式方面，目前一般以树池和树带两种方式为主：①在道路宽度有限且人流量较大的路段选用树池式的种植方式，一般以单种乔木为主；②在道路宽度条件允许的情况下则采用乔木、灌木、地被植物相互结合的树带式的种植方式。这种种植方式一般将8~12棵树作为一个独立单元，能够呈现出一种视觉通透、舒适宜人的景观效果。

对于行道树的选择需要具备以下条件：①树冠冠幅较大，枝叶浓密；②耐性强，适应能力强；③耐修剪，深根；④无刺，无异味，无落果，无飞絮；⑤病虫害少或易防治；⑥寿命长。

---

① 城市道路绿化规划与设计规范 :CJJ 75—97[M]. 北京：中国建筑工业出版社，1997.

基于道路绿化功能要求、交通状况、道路宽度等条件，选择不同类型的绿化植物。在选择时应尤其注意树木的分枝角度及高度：分枝角度较大的树木，其干高不得小于 3.5 m；分枝角度较小的树木，其干高不得小于 2 m，否则会影响交通通行。

（二）中央隔离带植物配置

中央隔离带是指位于车行道中间的绿带，主要作用是分隔不同行驶方向的车辆以及划分机动车道和非机动车道。这种类型的道路绿化在设计时应遵循简化原则，避免造成司机的视觉疲劳，引发安全问题。其中，中央隔离带的宽度应根据道路宽度而定，一般其范围在 1~10 m。对于中央隔离带绿化植物的选择：首要考虑的因素是植物枝叶不能影响行驶人员的视线，不能有较长分枝横伸路面影响到交通，引发安全隐患。在配置方式方面，中央分车带一般采用小灌木、地被、花卉相互结合的方式，尤其注意应在距离机动车道路面高度 0.6~1.5 m，配置相应防夜间眩光的植物群落。当然也可采用自然式的配置方式，将乔木、灌木、地被、花卉等进行科学合理的搭配，以此达到错落有致、层次分明的目标。

（三）人行道绿带绿篱植物配置

道路两侧的人行道绿带指的是道路与建筑物相邻的边界绿化。这种类型的道路绿化，通常从建筑物的实际情况出发，强调绿化景观效果同周边建筑的协调融合统一。在此布置绿化应注意：①如人行道较为宽阔，则用绿篱的形式作为边缘分隔，在其之中搭配些许地被、花卉与藤本植物的组合；②如人行道路面较窄且无车行道分隔绿带，则在此不宜种植密度较高的小乔木和灌木，因为这种高空树对于汽车废气排放的吸收作用不明显，会造成空气污染，无法发挥植物净化空气的功能[1]；③于道路及围墙之间布置绿化、种植树木时，应首先考虑使用线性规划的方式，且配置时需体现一定的规律，在视觉上给人一种纵向感，同时，应尽量避免选择影响司机视线的植物。

（四）道路节点植物配置

道路节点是道路绿化的重点部位，集中展示着城市道路绿化水平的高低和品位的表达。因此，在植物配置方面，不仅需要关注植物的选取，更要着眼植物的配置方式，与道路绿化景观相比道路节点的绿化则应更加丰富多彩，其在颜色搭配、层次比例、面积范围上的创造空间更为广阔。

（1）交通岛：一般位于道路交叉口处（俗称：转盘）。众所周知，车辆驶入交叉路口须做逆时针单向行驶。因此，交通岛一般设计为圆形，其中位于大中城市主要交通道路上的交通岛直径在 40~60 m[2]。在植物配置方面，主要采用草皮花坛或以低矮常绿小乔木和花灌木共同组成花坛来打造绿化景观，避免使用高大乔木，影响行驶者视线，引发安全问题。其中需要注意的是，根据两相交道路的两个最短视距，可在交叉口平面图上绘出一个三角形，称为视距三角形，在三角视距之内布置植物时其高度不得超过 0.70 m，或者不能布置任何植物。其中视距的大小是一个变化的量，其受行驶速度、道路坡度、路面质量的影响，一般在 30~35 m。

（2）立体交叉绿岛：互通式立体交叉道路一般包括了主干道、次干道和匝道，其中匝道的主要功能是为车辆的左、右转弯提供通道，并将车流向主、次干道进行引导。为了保证车辆

① 陈伟. 现代城市道路园林景观设计及植物配置分析 [J]. 花卉，2020，8：181-182.
② 徐辉，潘福荣. 园林工程设计 [M]. 北京：机械工业出版社，2008.

安全和保持规定的转弯半径，匝道和主次干道之间会形成几块面积较大的空地，通常作为绿化用地，称为绿岛。对于立体交叉绿岛的植物配置，主要选择小灌木组成规则图案式的绿篱，或利用宿根花卉组成花坛样式等。

（五）快速道路植物配置

对于高速公路绿化带的设置应注意以下几个方面：①高速公路中央分隔绿带宽度应在1.5 m以上，宽者其范围可为5~10 m，主要以低矮紧密、修剪整齐的常绿灌木作为景观要素；②考虑到高速公路上的噪声和废气等污染，为避免此种污染扩及城区，通常在干道两侧设置20~30 m的安全防护林带；③在高速公路旁可适当点缀风景林、团状树丛、花卉景观等，以增加景色变换，提升景观的丰富层次，同时也可增强驾驶员的安全感，有利于提升驾驶安全性。

第二节　园林道路植物配置

园林绿地中的道路是园林的脉络，具备组织交通、引导游线、组织空间以及工程作用的功能。其中园林道路中的植物配置能够发挥构建空间以及观赏和生态的功能。通常来说，园林道路在布置上讲究自然流畅，所设置在其两侧的植物景观也应随园路的走向运动发生相应的配合变化，以达到不拘一格、步移景异的景观效果。

一、园林道路植物配置原则

（一）景观多样，形式丰富

在配置时应注意创造出不同类型的园路景观，如崎岖山道、宜人花径、清幽竹径等，给人不同的景观感受，丰富园内景观层次。

（二）步移景异，因地制宜

在自然式园林中，于道路两侧可不再拘泥于行道树的栽植格局，在园路周围可栽植不同树种，形成多样景观，但须达到均衡的效果。植物之间的株行距与路旁景物的结合应灵活多变，步移景异。在规则式园路中，可选取2~3种乔木、灌木、地被植物相互搭配形成有韵律的绿化景观。

（三）入口景观，吸引眼球

入口作为游客进入园林的第一站，在绿化景观方面，应格外醒目，吸引游客进入。通常在路口处，可种植色彩鲜明、枝叶茂密、高大挺拔的孤植树或树丛，起到对景、标志或导游的作用。

（四）植物空间立体轮廓线需体现韵律节奏

植物空间的立体轮廓线要有高有低、有平有直，最好能与地形的起伏变化相结合。在自然式园林中，树丛的林缘线不宜平直，也不可过于曲折、烦琐。如在空旷地上布置树丛，其在垂直方向应参差不齐，而在水平方向应前后错落，突出高低、虚实之感。

（五）植物配置应同其他园林要素相协调统一，自然有致

首先，园林建筑物是形态固定的实体，而植物是随季节年限而变化的。植物不仅能够烘托

建筑产生四季的季相变化，还可衬托和丰富建筑的庭园景色[①]。其次，水体是我国园林中常见的景物，常作为构图中心，使园景明净开朗。因此，池岸、水边的树木形态和配置，是园林造景的重中之重，要求其必须与水景和谐。再其次，园中叠石假山的花木配置，更应严格挑选，假山与植物的搭配需有"深求山林"的意味。植物配置要模仿自然景观，与假山的大小相称，注意比例尺度的关系。以土为主的假山，可以乔木、灌木错综搭配，品种宜多，形成浓荫蔽日、短枝拂衣、宛自天开的山野之趣；以石为主的假山，为了凸显叠石之奇和树木姿态之美，花木配植宜疏。

（六）植物配置要注意季相变化

植物的观赏功能不仅体现在其形态上，更体现在其色彩变化上。因此，园林道路周围的植物配置需要做到：既有四季常青，又有季相变化；既有枝叶浓淡，又有花开不断。

二、不同形式园林道路植物配置

（一）园内主要道路

园内主要道路是指园内通往各主要景观处的道路，一般宽 3~5 m，人流量较大。其中平直的主路以规则式植物配置为主，而在自然园路周围，多以自然式植物配置为主。

对于主路的植物配置，在选用树种时，应注意将植物功能与园路功能相结合，并使其与周围环境相协调，形成富有个性和特色的绿化景观，如鹅掌楸，树姿挺立秀美，入秋时节其叶变色，黄叶纷飞，可构成美丽的秋色。然而，如若自然式的园路长度较长时，在其两旁如只用一个树种，则会显得单调乏味，缺少乐趣，为形成丰富多彩的路景，可选用多种树木进行配置，但要注意指定一种主要树种，以防杂乱，形成主次之分（图10-2）。

① ② ③ ④

图10-2　园内主要道路的植物配置

---

① 李小朋 . 园林植物配置在城市绿化中的应用 [J]. 江西农业，2019，2：63.

（二）园内次要道路

园内次要道路是指园中各区内的主要道路，一般宽 2~3 m。次要道路旁的植物配置方式可更灵活多样。由于次要道路路面宽度有限，有时只需在路的一旁种植乔木和灌木，就能够达到既分隔空间又构成景观、既遮阴又赏花的效果。

次要道路在营造时都具有一定的长度、曲度、坡度和起伏，以凸显其园内植被的幽深之感，所以在配置植物的选择上，所选树木要有一定高度和厚度，营造幽深清净的氛围，在树下可选用低矮地被植物或草花，尽量少用灌木，以使游人产生游览"山林"的意境和野趣（图10-3）。

①   ②

③   ④

图10-3　园内次要道路的植物配置

（三）园内小路

园内小路是指供游人漫步的小径，一般宽仅 1.0~1.5 m。通常小路根据其两侧所种植的植物类型可概括为竹径和花径两大类。竹径，是指在两旁种竹的小路，其种植的竹子需要有一定的厚度、高度和深度，才能形成竹林幽深的感觉。花径则是在两旁种花的道路，应选择开花丰满、花形美丽、花色鲜艳或有香味、花期较长的植物种类，如玉兰、桂花、樱花、桃花、蜡梅、紫薇等。在配置时，植物株距宜小，给游人一种"花丛漫步"的感觉；在使用花灌木时，应注意其与背景树的相互搭配。

平地的小路在植物配置方式上常常采取以乔木或乔灌木树丛自然植于路边的方式，而在人流量小的幽静小道上，则要营造自然野趣。在植物选择上，应注意选用树姿自然舒展、体形高大秀美的树种，乔木以不超过三个树种为宜，同时可将自然石块散置路旁或搭配简朴的小亭建筑等，增加景观层次（图10-4）。

图10-4　园内小路的植物配置

第十一章

园林山石与植物造景

自古以来，园林造景离不开山水二字。中国古典园林造园从简单模仿自然山水的写实到本于自然、高于自然的写意，都以山水为主体，因此山石是不可缺少的造园要素，承担着园林中的骨架结构作用。《林泉高致·山水训》中有云："山以水为血脉，以草木为毛发，以烟云为神采，故山得水而活，得草木而华，得烟云而秀媚。"同时李渔在《闲情偶寄》还写到"一拳代山，一勺代水"的艺术手法，足以体现山石的园林主景和地形骨架作用。山石因植物而充满活力，植物衬托山石更加硬朗，二者搭配相得益彰，营造更加雅致、有韵味的景观。

园林中的山分为土山、石山、土石山三类，植物造景根据山石的类型以及全园的意境来进行搭配。

第一节　山石植物造景原则

一、与环境相协调

根据山石的质地、大小、肌理等构成要素的不同，园林主题和表达意境的不同，选择不同种类、色彩的植物，与山石本身协调，融入周围环境，营造和谐自然景致。此外，山石本身各个区域的光照、土质、坡度等因素也会有一定程度的影响，需选择适宜生长的植物。

二、空间层次丰富

形成丰富的空间层次会给人带来丰富的景观体验。在立面层次上，植物组合要分布合理，在山体线条平实处可搭配植物形成变化的轮廓，位置布置要虚实结合，有藏有露。整体的植物营造要注意主景、配景的层次关系，形成视觉焦点，不显杂乱，同时选择色叶、观花植物进行点缀。在平面构图上，要注意植物的疏密搭配，避免出现搭配过满的现象。平面与立面结合，才能形成更为自然、多层次的山石景观。

三、充满诗情画意

中国古典园林造园讲究意境，表达意境是中国造园艺术的核心。山石作为园林造景的一个重要组成部分，它的营造在一定程度上寄托着造园者的思想感情，因此《园冶》里说道："片山有致，寸石生情。"山石因植物而被赋予灵韵，在植物配置方面也要处处考虑意境的营造，不同山石的特质，需要搭配植物使其更加明显。

第二节　植物和山石配置的形式

在园林中，当植物与山石组织创造景观时，不管要表现的景观主体是山石还是植物，都需要根据山石本身的特征和周边的具体环境，精心选择植物的种类、形态、高低大小以及不同植物之间的搭配形式，使山石与植物组合达到最自然、最美的景观效果。柔美丰富的植物配置可以衬托山石的硬朗和气势，而山石之辅助点缀又可以让植物显得更加富有神韵，植物与山石相得益彰的配置更能营造出丰富多彩、充满灵韵的景观，从而唤起人们对自然界高山与植物的联想，使人们仿佛置身于大自然之中。

一、山石为主、植物为辅

在中国传统的园林景观设计当中，山石在造景当中一般是起到主导作用[①]，刘禹锡的《陋室铭》曾云："山不在高，有仙则灵。"山石作为园林要素之一，在景观设计中近乎处于核心位置，在造景中也承担着重要角色。

在古典园林中，山石一般被放置在庭院的入口或者比较显眼的地方，如：庭院的入口处、中心主要景观处或视线焦点的位置。在这些地方，常采用特置的方式布置大块独立山石，引导和吸引游客视线，形成小范围内的主要景观；在现代各类绿地和各种公园内，山石也经常被置于绿地或公园的入口处、主要景观区域内、观光草坪边缘、轴线焦点位置等各处，主要起到点景呼应的作用。于园林景观规划设计中，以山石为主、植物为辅的配置方式，在山石的四周常用植物加以点缀装饰，既可作为背景烘托，也能作为前置衬托，以构成层次丰富、动静结合、姿态秀美的园林景观。由于山石的体量较大，在植物选择上，应注意避免选择高于山石的植物或选择横向体量较大、枝叶较浓密的植物，这样才能凸显山石的主体地位，避免植物配置喧宾夺主（图 11-1）。

---

① 许剑峰，汪芳．园林植物与山石配置分析 [J]．绿色科技，2018，19：32-33，36．

①　　　　　　　　　　　　　　　　　②

③　　　　　　　　　　　　　　　　　④

图11-1　山石为主、植物为辅的配置方式

二、植物为主、山石为辅

　　以植物为主、山石为配景的景观更能展示自然植物群落形成的自然格调。在园林的设计中，植物的和谐种植可以让园林有自然和谐之美，然后配上山石，能够有种动中有静的效果。在植物配置方面，常选择小乔木或灌木形成团状树丛或绿篱，布置在山石周围，在树丛和绿篱边缘可点缀些许花卉，用以丰富景观层次，增添审美享受。植物以带状自然式混合栽种可形成花境，这样的仿自然植物群落在其中搭配几块石头，让整个景观所形成的植物群落更加倾向于自然，而山石的存在显得更加协调稳定，与植物群落之间形成鲜明的对比，在视觉上突出

了植物群落的景观。在植物选择方面，应考虑到不同植物的生长特性，选择适宜其生存的位置和环境。此外，在植物相互种植搭配的过程中应注意不能过密，以免影响山石的观赏效果（图 11-2）。

① ②

③ ④

图11-2　植物为主、山石为辅的配置方式

三、植物与山石搭配，因地制宜

在园林景观设计当中，植物与山石的搭配，需要遵循协调统一的原则，达到和谐自然的效果，最大限度展现景观之美。植物与山石之间相互映衬，彼此之间在审美情趣上招相辉映，这样可以形成动静结合之美。对于山石材料的选择，最宜就地取材，既可体现地域特色，又能够减少运费，降低成本造价。在山石的配置形式方面讲究因地制宜，师法自然，并应将地方特色、历史文脉、文化含蕴等融入山石配置中，体现当地园林景观的独有特色。在植物配置方面，应秉持多样性的原则，选择种类丰富的园林植物，依据植物色彩、外形、质感等特性的不同搭配不同形状、光泽、颜色、体量的山石，从而构成丰富多样的山石植物景观。

在中国古典园林中，山石是对名川大山的模拟和联想，具有深厚的文化内涵。在现代园林中，山石无论是在取材构造还是在工艺技巧方面都发生了较大的转变，人为进行塑形、雕刻也较为常见，这也赋予山石更多的变化，在现代园林中这类山石周围常以草本地被植物或草本花卉加以搭配点缀，凸显其灵动秀美之感（图 11-3）。

① ②

③ ④

图11-3　植物与山石因地制宜的配置方式

第十二章

园林水体与植物造景

水体作为园林四大要素之一，是造园活动中不可缺少的一部分。中国古典园林中便有"无水不成园"的说法，从汉代皇家园林的上林苑，到隋唐时期的曲江池，再到明清时期的颐和园，水景都是园林中的重要角色。古人对自然山水的向往和寄情山水的情趣在很大程度上影响着中国古典园林的发展，水成为中国古典园林中不可缺少的一部分。在外国园林中水景也是重要的造景元素，西方园林偏爱规则式的水景，讲究明确的轴线对称关系；日本园林水景在中国传统"一池三山"布局的影响下逐渐形成具有自身特色的枯山水园林。东方的崇尚自然和西方的规则华丽各具意趣。

第一节　园林水体的功能

一、造景功能

基于人的亲水性，水景本身就可作为一种具有观赏价值的景致。不同形式的水体也给人们带来不同的景观体验，大面积的水体给人平静开阔之感，小面积的溪涧、喷泉则形成活泼欢快的氛围，因此水景通常能成为景观中的焦点。在许多园林景观设计中，设计者通常都会考虑设置水体，同时搭配水生植物、湿生植物形成层次丰富的水岸线景观，增加水体景观的空间层次。植物的色彩、线条以及在水中形成的倒影丰富了水面和岸线，使水体具有动态美感。

二、生态功能

具有一定的生态价值是园林水景的一项重要功能，水体可以改善环境、调节周边区域的小气候、降低温度。水体形成的微小水珠飘散到空中还能吸附空气中的灰尘、颗粒，同时还具有减弱噪声的作用。此外，水体作为水生生态系统的载体，为水生生物提供了生存环境，其中水生植物有调节区域气候环境、改善空气、减弱噪声、净化水体等作用，这样大大增加了水体的间接生态价值。

三、实用功能

从具体的实用功能来看，水体中可以进行水生动物养殖，具有生产功能。园林中的水体还可供人们进行一系列的休闲活动，如划船、垂钓、戏水等。较大型的水体可在雨季发挥蓄洪排涝的作用，在旱季则可用于灌溉，提供生产用水，同时还能用作消防用水。我国古代城市外围通常设置护城河，是以水作为隔离空间，起到防御的作用。

第二节　水体植物造景原则

一、创造适宜的生存环境

不同的水生植物对生存环境要求具有较大差异，水深、水质等都会影响植物的正常生长。在园林设计中应先充分了解植物具体的生态习性以及对水体的要求，同时应做到因地制宜，根据场地的水文、气候条件以及周边环境来进行植物种类选择，要求形成具有稳定群落生态结构、时间和空间结构合理的植物群落，具备植物群落应有的基本功能。

二、构建和谐的表现形式

在植物的表现上，应着重注意各种植物不同特征，如色彩、肌理、质感等，合理选择不同特征的植物，形成具有整体性、连贯性、和谐性的植物群落。水生植物群落景观在营造时要求有明确的主次关系，从组成要素、构建不同空间、视觉焦点以及拥有完整的生态功能等几个方面来进行协调搭配，通过艺术法则和美学原则组合成一个完整协调的水生植物群落。

三、形成多样的空间层次

不同类型的水体有不同的植物造景形式，依据水体的性质、大小、深度以及周边环境来进行选择，避免植物种类单一、景观乏味的现象。通过植物的高度、色彩、密度等因素合理选择植物，营造开放空间、半开放空间、封闭空间三种不同的形式，形成色彩丰富、疏密有致、季相变化的多层次水生植物群落景观，带给观赏者层次丰富的景观体验。

四、展现不同的地域特色

我国地域辽阔，地理环境差异较大，在植物造景时应充分考虑不同地域的气候、水文、地理环境以及生态环境。在植物的选择方面应紧密结合当地的各类影响因素，遵循适地适树原则，充分利用当地的现有资源[1][2]。选择乡土植物是展现地域文化、节约利用资源的一个重要途径，乡土植物代表了地域的植物文化，承载了当地人家乡的记忆，同时乡土植物完全适应了本地的生存环境，比起外来植物更易形成持续稳定的植物群落，同时还节约了资源成本。

第三节　不同形式水体的植物造景

一、湖

湖是园林水体中一种常见的形式，一般面积较大，常运用在大型公园、自然风景区、中国古典皇家园林或较大型的私家园林里。湖区别于其他水体的关键是因为其体量较大，常常给人带来

---

[1] 戴湘君，许砚梅 . 水生植物在城市湿地公园中景观应用分析 [J]. 中国野生植物资源，2020，39(10)：90-94.
[2] 李苗 . 园林植物造景 [J]. 城市建设理论研究：电子版，2012，15：1-4.

开阔、明朗、豁达的感受，平静的湖面安静祥和，也让人拥有平远宽广、畅达胸怀的感觉。在园林造景中设计者应该抓住湖泊这些区别于其他水景的特征，加以利用，形成独具特色的湖泊景观。

　　湖的水面上一般不配置过多的植物，以免破坏湖面平静豁达的视觉感受，如要配置也尽量选择单一的植物形成成片的植物景观，显得大气开阔，例如杭州西湖的曲院风荷。湖岸的植物一般较多，利用水面形成镜面倒影，植物常常选择高大的树种形成连续的林冠线，在水中倒映出优美的曲线，打破水面的平直感，增加水面的层次感和趣味性，通常选用垂柳、水杉、悬铃木、栾树、银杏、无患子等。同时湖岸的植物搭配应注意色彩搭配和季相变化，利用不同色彩的植物进行搭配增加视觉的层次感，湖水也在色彩的衬托下显得更有生机，在设计时考虑植物的季相变化也是很重要的一点，做到季季有景可赏，宜搭配鸡爪槭、红枫、紫叶李、枫香、乌桕等。湖边最好优先选择当地的乡土植物，选择乡土植物有利于体现湖泊景观的文化性和地域特色，增加整个地区景观的协调性。除此之外，湖岸的植物最好以群植为主，利用多种植物营造丰富多样的植物群落景观，要尽量避免岸边为疏林草地等这类景观层次单调且不安全的形式（图12-1）。

①　　　　　　　　　　②

③　　　　　　　　　　④

图12-1　湖边的植物配置

二、池

　　池是相较于湖面积更小的水体，池在不同地方的应用有不同的形式：在中国古典私家园林中为不规则形状搭配假山置石；在岭南园林和现代园林应用中多为几何规则形状周围搭配硬质景观；在郊野等自然环境中常见为自然池塘景观，没有固定形状。在这里将池（塘）的形式分为规则式与自然式两类进行谈论。

（一）规则式水池

　　规则式的水池一般出现在广场、建筑周边或规则式庭院里；在西方传统园林里规则式的水池出现得较多，如意大利台地园、法国勒诺特尔式园林；传统岭南园林里也有较为规则的水池，如顺德清晖园、东莞可园。规则式水池的植物搭配通常也以规则式为主，周边辅以硬质景观，例如广场、建筑周边的水池可使用修剪规整的绿篱和几何形状的花坛、花带或花池来搭配，绿篱植物可选用金叶女贞、大叶黄杨、海桐、金边黄杨等，花卉可选用红花酢浆草、石竹、万寿菊、三色堇等。西方传统园林注重水的镜面效果，与规则水池搭配的常为模纹花坛，以及各类修剪整齐的绿篱。岭南园林的规则水池常常搭配修剪后的造型树，如罗汉松、福建茶、九里香、黄杨等，也多用一些小灌木形成植物繁茂、郁郁葱葱的热带、亚热带风光，同时还常在水池里种植睡莲、荷花等水生植物，增加水面的观赏效果和趣味性（图12-2）。

图12-2　池边的植物配置

（二）自然式水池

自然式水池常见于各类公园、中国传统私家园林中。与湖泊植物景观的整体感相比，水池植物造景则更加注重植物个体美，对植物的色彩和姿态方面有较高的要求。目前常见的自然式水池多搭配多种植物形成层次丰富的植物组团，营造自然野趣之感，水中常用浮水植物加挺水植物的组合，如睡莲、萍蓬草、芡实搭配菖蒲、再力花、千屈菜等，岸边常用草花加灌木的组合形式，常见的如四季秋海棠、矮牵牛、沿阶草、狼尾草与海桐球、山茶的搭配，偶见一些小乔木，如鸡爪槭、紫薇等。中国传统私家园林的自然式水池常搭配假山置石形成凹凸有致的岸线，植物配置常突出个体姿态或利用植物来分隔水面，常搭配垂柳、玉兰、侧柏、白皮松、红枫等姿态雅致或有色彩变化的植物种类（图12-3）。

①　　　　　　　　　　　　　　　　②

图12-3　自然式水池的植物配置

三、泉

泉的形式大致分为两种，一是自然形成的泉，二是现代园林里的喷泉。真正意义上的泉已经很少见了[①]，大多见于自然环境中，很难运用到园林景观中。这类泉多与天然山石和自然草木构成浑然天成的山水景观。在现代园林里则是以人工喷泉为主，旱喷是直接施工在硬质铺地上，植物搭配不予考虑，其余喷泉多汇水形成水池，其植物配置方法和水池类似，搭配睡莲、绿篱、花坛等（图12-4）。

图12-4　泉边的植物配置

四、河流

河流为带状形式的大型水体，并不常直接运用于园林景观之中。目前常见的情况是河流的某一段在园林景观的设计范围之内，在这种情况下要充分考虑整个园林景观的整体性来进行植物造景。河流作为大型动态水体，河的两岸宜种植比较高大的乔木，如杨树、水杉、栾树、香樟、鹅掌楸等，形成连续的林冠线和岸线相互呼应，另外可选择一些刺槐、山桃、山杏、榆树散植点缀其中，形成富有层次的河岸景观。如果河流作为整个场地的边界，则可在场地内侧的河岸边设置绿地和可通行道路，进行植物造景，满足人的亲水性要求，可用乔—灌—草—花等多层次的组合形式，形成空间层次多样、色彩丰富的植物组团。河流外侧则可作为场地隔离带，种植高大的乔木林作为天然绿色背景。同样在河岸植物种类的选择上还是宜选择乡土树种，表现自然的地域风貌，丰富河流景观的地域文化性（图 12-5）。

①　　　　　　　　　　　　　　　　②

图12-5　河流边的植物配置

---

① 田旭平. 园林植物造景 [M]. 北京：中国林业出版社，2012.

五、溪涧

相比河流，溪涧水面较窄、水深较浅，所以在植物配置方面，水面的宽窄和水深是重点考虑的两个因素，水面宽窄涉及植物数量的选择，水深则需选择株高合适的植物。潺潺的流水、重叠的石块和低矮的野花绿草是大多溪涧景观带给人的直观感受，充满自然山林野趣，因此在植物配置时较少选择较高大的乔、灌木，多为草花地被类植物。

溪涧的植物造景可分为两种类型，一种是表现幽深曲折之感，这类植物造景以自然式配置的方式密植多种植物，同时加以小的散置石块，溪水若隐若现流动，营造原始野趣之感。在石块中还可配以沿阶草等，石头上还可引入一些苔藓类植物，增加古朴的质感。在林下的溪涧边可选用肾蕨、鸢尾、冷水花、龟背竹、耧斗菜等喜湿耐阴的植物，增加植物的丰富度和整体景观的野逸之感。在植物后期的管理上面采用粗放式的管理，任由其自由生长。另一种为疏朗开阔的溪涧景观，这种类型主要以水景为主体，一般只以少量植物加以点缀即可。在植物种类的选择上选用株高较低矮的水生植物，且种类、数量不宜过多，不需要太多的色彩、季相等变化，与叠石相协调即可，一般可选菖蒲、香蒲、鸢尾、梭鱼草等，形成清凉明朗的溪涧景观（图12-6）。

① ②

图12-6 溪涧的植物配置

六、堤、岛、桥

堤、岛、桥在园林中常作为划分水面空间的重要手段，也有作为观景对象或提供观景平台的作用，常常运用在大型湖泊或河流中。堤、岛、桥作为硬质景观，在园林中需搭配植物进行软化，同时植物造景丰富了周边水域空间的色彩和层次，形成浓郁的造景氛围，也增加了该空间的观赏性。

堤最开始是作为一种防洪设施而建造，后来慢慢拥有了划分大型水面空间和道路游览的功能，如历史上著名的杭州西湖的苏堤、白堤以及承德避暑山庄的"芝径云堤"等。从园林植物配置的角度来看，设计者应主要考虑堤的道路通行及游览功能。行道树选择分枝点高、冠大荫浓的树种，提供遮阴效果，方便行人活动，如悬铃木、栾树、小叶榕、无患子等植物种。林下选择耐阴性强、具有观赏效果的花灌木，常用山茶、红花檵木、龟背竹、八角金盘、女贞、黄杨等。考虑到长堤的游览功能，形成有节奏韵律、疏密有致、色彩丰富、季相变化明显的植物景观，形成如西湖苏堤的植物配置手法，苏堤春晓桃红柳绿的景象是间植不同品种的桃树和柳树形成的，同时搭配各树种的花期，早春暮春都有花可赏，桃花的红和柳叶的绿也形成了鲜明的色彩对比。在注意植物韵律节奏的同时，应丰富节点的变化，使其不冗长沉闷，不同的节点可采用不同的主题来进行植物造景，注意植物种类选择和搭配方式的变化。

　　岛的大致分为可游览和不可游览两类，可游览的岛一般面积较大，在植物景观营造方面既要考虑其整体远观效果，也要考虑游览时的近观效果；不可游览的湖中岛面积一般较小，只需要考虑远眺、观赏的整体景致。在远观时，植物造景着重的是林冠线的整体轮廓，要求连续且富有变化，结构层次丰富，同时有明显的季相变化和观赏性强的树形，四季有景可赏。可游览的岛在植物配置时应考虑游览路线，具有良好的引导性和观赏性，可以高大乔木搭配观花类灌木、观赏草、地被花卉等形成层次丰富、疏密有致的近景植物组团，体现岛屿植物的多样性。还可用欲扬先抑的手法，用郁郁葱葱的植物空间和宽阔的水面空间相对比，为郁闭度较高的植物留出透景线，穿过植物则为观景平台，形成柳暗花明的景观体验。岛的边缘可以搭配水生、湿生植物，如荻、芦苇、水葱、鸢尾等，以发挥滨水空间的特性（图12-7）。

①

②

图12-7　岛屿的植物配置

　　桥在园林中常作为通行的路、提供远眺的观景点或被观赏的对象，从外形上将其分为弯曲的拱桥和贴近水面的平桥两类。拱桥因其外形常常被作为观赏的对象，植物配置的重点应该在桥头，常在桥头种植观赏性较强的孤植树，如鸡爪槭、红枫、桂花、碧桃等，其下搭配小型置石或圆球形的花灌木，如黄杨球、海桐球等，与桥的曲线相呼应，桥的基部应种较高的水湿生植物或耐湿性的观赏草进行遮挡。平桥因贴近水面，在桥两侧一般避免选择株高过高的植物，尽量选择如睡莲等浮水植物；桥头依然是植物造景的重点，在灌木的选择上宜选择云南黄馨、迎春、三角梅等来遮挡、软化桥的线条。除此之外，桥头的两边尽量避免对称种植，要有主次之分（图12-8）。

①

②

图12-8　桥边的植物配置

第四节 不同水体空间的植物造景

一、水面植物造景

园林中的水面包括河流、湖泊等大水面，也包括水池、溪流等小水面。水面的植物造景要符合水体性质，同时也要考虑平面和立面上的构图效果。

（一）大面积水域

大面积的水域一般着重考虑植物配置的远观效果，以营造成片连续的观赏效果为主，给人比较广阔的视野感受。多采用如荷花、睡莲、千屈菜、鸢尾等形成观叶、观花为主的大面积水生植物景观，可采用某种植物单一栽植，也可选择多种植物形成富有层次感、错落有致的植物群落，或搭配岸边的建筑小品，形成和谐的远观效果。如果选择大型的水生耐湿树种，例如水杉、落羽杉、桤木、枫杨等树种，可形成高大茂盛的森林景观，充分利用植物在水中形成的倒影来增加景观趣味（图 12-9）。

①　　　　　　　　　　　　　　②

图12-9　大面积水域的植物配置

（二）小面积水域

常见的自然式的池塘、溪流等小面积水域，其景观营造对植株形态、色彩、高差等因素要求较高，在配置植物时应注意疏密，栽植不宜过于拥挤，常采用浮叶、漂浮植物与不同高度的挺水植物搭配，丰富水面空间，增加立面效果的层次。静态的小面积水域在植物色彩上不宜运用过多，一两种起到水面点缀作用即可，结合其余植物绿色的背景，形成安静雅致的静水景观。动态的水域如溪流，则可选择多种色彩的地被、花卉植物，显示充满生机、野趣的自然之景。在植物搭配时应考虑形态、色彩富于变化，避免同类型的植物组合重复。此外，小面积水域造景还应留白，切忌将植物铺满水面，植物面积不宜超过水域面积的二分之一，为植物和周边景致形成倒影留出适当空间（图 12-10）。

①　　　　　　　　　　　　　　　②

图12-10　小面积水域的植物配置

二、水边植物造景

（一）驳岸空间

驳岸作为陆地与水体的交界空间，是滨水景观的重要组成部分，驳岸形式分为两种，规则式驳岸多为混凝土、砖石等硬质材料，自然式驳岸有土面缓坡岸和山石岸[①]。

规则式驳岸线条平直生硬，在植物种类上多选择枝条柔软的藤本类植物来遮挡、软化驳岸线条，例如云南黄馨、迎春、藤本月季、光叶子花等，让其枝条下垂至水面衔接。一些大型的规则式驳岸很难完全遮挡，可搭配观赏性强的水生植物，如鸢尾、再力花、黄菖蒲、荷花等，将景观视线焦点进行转移，或增加花灌木、藤本植物和绿篱的数量，在一定程度上缓解生硬感（图 12-11）。

①　　　　　　　　　　　　　　　②

图12-11　规则式驳岸的植物配置

自然式驳岸的植物以自然式种植为主，土面缓坡的驳岸结合坡度和地形，在立面上，搭配高低不同的植物，丰富空间层次，使驳岸植物自然延伸至水中，营造植物自然生长的野趣。在平面构图上应注意水岸线的曲折变化，植物种植应有疏有密，有远近、虚实的变化，形成和谐自然的植物群落景观。临近路边种植小乔木，缓坡上可营造单一花镜，也可采用花

---

① 孙得东，任娜为 . 城市滨水区域生态景观营造策略研究 [J]. 市政技术，2008，6：528-529，546.

花灌木组合的形式，临近水体可用草花地被和湿生植物，常选用垂丝海棠、木芙蓉、美人蕉、水仙、水栀子、八角金盘、水烛等。山石驳岸依据有藏有露的原则进行植物造景，石块参差交错的线条有一种自然的美感，增加植物则增添活泼氛围。岸石线条随机分布，美丑皆有，布置植物时要露美而遮丑，丑的线条运用圆拱形枝条的藤本植物进行遮挡，美的石块周围可搭配观赏草衬托，或营造古朴质感，也可种植少量观花类植物增加观赏性，植物与岸石组合更能产生自然美感。

①

②

图12-12 自然式驳岸的植物配置

（二）水缘空间

水缘空间是指水面边缘到堤岸的分界空间，是软质水体向硬质陆地的过渡。水体边缘植物的种植能让交界处最大限度地自然化，又能对水面起到装饰作用，在植物配置时首先考虑植物的耐水湿性。植物由低到高向陆地过渡，选地部分选择睡莲、芡实、萍蓬草等低矮水生植物作为前景，近地部分则搭配观花类植物作为景观焦点，如鸢尾、黄菖蒲、马蹄莲等，最后选择较高的灯心草、芦苇、水葱、芦竹等背景植物。同时在搭配时应根据植物的开花时间、花色、叶形等进行合理组合，形成观赏性强的水生植物群落景观。

①

②

图12-13 水缘空间的植物配置

植物名录

序号	植物名	拉丁名	科名	属名
1	芭蕉	*Musa basjoo* Sieb. et Zucc.	芭蕉科	芭蕉属
2	鹤望兰	*Strelitzia reginae* Aiton	芭蕉科	鹤望兰属
3	醉蝶花	*Tarenaya hassleriana* (Chodat) Iltis	白花菜科	醉蝶花属
4	矮小山麦冬	*Liriope minor* (Maxim.) Makino	百合科	山麦冬属
5	大花萱草	*Hemerocallis hybridus* Hort	百合科	萱草属
6	天门冬	*Asparagus cochinchinensis* (Lour.) Merr.	百合科	天门冬属
7	吊兰	*Chlorophytum comosum* (Thunb.) Baker	百合科	吊兰属
8	宽叶沿阶草	*Ophiopogon platyphyllus* Merr.	百合科	沿阶草属
9	短莛山麦冬	*Liriope muscari* (Decaisne) L.	百合科	山麦冬属
10	山麦冬	*Liriope spicata* (Thunb.) Lour.	百合科	土麦冬属
11	麦冬	*Ophiopogon japonicus* (L. f.) Ker-Gawl.	百合科	沿阶草属
12	萱草	*Hemerocallis fulva* (L.) L.	百合科	萱草属
13	沿阶草	*Ophiopogon bodinieri* Levl.	百合科	沿阶草属
14	玉簪	*Hosta plantaginea* (Lam.) Aschers.	百合科	玉簪属
15	郁金香	*Tulipa gesneriana* L.	百合科	郁金香属
16	蜘蛛抱蛋	*Aspidistra elatior* Bulme	百合科	蜘蛛抱蛋属
17	柏木	*Cupressus funebris* Endl.	柏科	柏木属
18	龙柏	*Juniperus chinensis* 'Kaizuca'	柏科	刺柏属
19	铺地柏	*Juniperus procumbens* (Endlicher) Siebold ex Miquel	柏科	刺柏属
20	报春花	*Primula malacoides* Franch.	报春花科	报春花属
21	藏报春	*Primula sinensis* Sabine ex Lindl.	报春花科	报春花属
22	鄂报春	*Primula obconica* Hance	报春花科	报春花属
23	欧报春	*Primula acaulis* L.	报春花科	报春花属
24	薰衣草	*Lavandula angustifolia* Mill.	唇形科	薰衣草属
25	广防风	*Anisomeles indica* (Linnaeus) Kuntze	唇形科	广防风属
26	彩叶草	*Coleus hybridus* Hort. ex Cobeau	唇形科	鞘蕊花属
27	藿香	*Agastache rugosa* (Fisch. et Mey.) O. Ktze.	唇形科	藿香属
28	假龙头花	*Physostegia virginiana*	唇形科	假龙头花属
29	深蓝鼠尾草	*Salvia guaranitica* 'Black and Blue'	唇形科	鼠尾草属
30	五彩苏	*Coleus scutellarioides* (L.) Benth.	唇形科	鞘蕊花属
31	夏枯草	*Prunella vulgaris* L.	唇形科	夏枯草属
32	一串红	*Salvia splendens* Ker-Gawler	唇形科	鼠尾草属
33	益母草	*Leonurus japonicus* Houttuyn	唇形科	益母草属
34	朱唇	*Salvia coccinea* L.	唇形科	鼠尾草属
35	变叶木	*Codiaeum variegatum* (L.) A. Juss.	大戟科	变叶木属
36	秋枫	*Bischofia javanica* Blume	大戟科	秋枫属
37	乌桕	*Triadica sebifera* (L.) Small	大戟科	乌桕属

序号	植物名	拉丁名	科名	属名
38	重阳木	*Bischofia polycarpa* (Levl.) Airy Shaw	大戟科	秋枫属
39	红背桂	*Excoecaria cochinchinensis* Lour.	大戟科	海漆属
40	一品红	*Euphorbia pulcherrima* Willd. ex Klotzsch	大戟科	大戟属
41	朴树	*Celtis sinensis* Pers.	大麻科	朴属
42	枸骨	*Ilex cornuta* Lindl. et Paxt.	冬青科	冬青属
43	猫儿刺	*Ilex pernyi* Franch.	冬青科	冬青属
44	刺槐	*Robinia pseudoacacia* L.	豆科	刺槐属
45	刺桐	*Erythrina variegata* L.	豆科	刺桐属
46	合欢	*Albizia julibrissin* Durazz.	豆科	合欢属
47	槐	*Styphnolobium japonicum* (L.) Schott	豆科	槐属
48	黄槐决明	*Senna surattensis* (N. L. Burman) H. S. Irwin & Barneby	豆科	决明属
49	鸡冠刺桐	*Erythrina crista-galli* L	豆科	刺桐属
50	龙牙花	*Erythrina corallodendron* L.	豆科	刺桐属
51	龙爪槐	*Styphnolobium japonicum* 'Pendula'	豆科	槐属
52	山槐	*Albizia kalkora* (Roxb.) Prain	豆科	合欢属
53	羊蹄甲	*Bauhinia purpurea* L.	豆科	羊蹄甲属
54	银合欢	*Leucaena leucocephala* (Lam.) de Wit	豆科	银合欢属
55	银荆	*Acacia dealbata* Link	豆科	相思树属
56	皂荚	*Gleditsia sinensis* Lam.	豆科	皂荚属
57	紫荆	*Cercis chinensis* Bunge	豆科	紫荆属
58	双荚决明	*Senna bicapsularis* (L.) Roxb.	豆科	决明属
59	珍珠相思	*Acacia podalyriifolia* G. Don	豆科	相思树属
60	黄槐决明	*Senna surattensis* (N. L. Burman) H. S. Irwin & Barneby	豆科	决明属
61	红车轴草	*Trifolium pratense* L.	豆科	车轴草属
62	油麻藤	*Mucuna sempervirens* Hemsl.	豆科	油麻藤属
63	大果油麻藤	*Mucuna macrocarpa* Wall.	豆科	油麻藤属
64	紫藤	*Wisteria sinensis* (Sims) DC.	豆科	紫藤属
65	杜鹃	*Rhododendron simsii* Planch.	杜鹃花科	杜鹃属
66	笃斯越橘	*Vaccinium uliginosum* L.	杜鹃花科	越橘属
67	杜英	*Elaeocarpus decipiens* Hemsl.	杜英科	杜英属
68	心叶日中花	*Mesembryanthemum cordifolium* L. F.	番杏科	日中花属
69	苏丹凤仙花	*Impatiens walleriana* J. D. Hooker	凤仙花科	凤仙花属
70	海桐	*Pittosporum tobira* (Thunb.) Ait.	海桐科	海桐属
71	旱金莲	*Tropaeolum majus* L.	旱金莲科	旱金莲属
72	斑叶芒	*Miscanthus sinensis* 'Zebrinus'	禾本科	芒属
73	稻	*Oryza sativa* L.	禾本科	稻属
74	粉黛乱子草	*Muhlenbergia capillaris* Trin.	禾本科	乱子草属
75	高粱	*Sorghum bicolor*	禾本科	高粱属
76	花叶芦竹	*Arundo donax* 'Versicolor'	禾本科	芦竹属
77	狼尾草	*Pennisetum alopecuroides* (L.) Spreng	禾本科	狼尾草属
78	芦苇	*Phragmites australis* (Cav.) Trin. ex Steud.	禾本科	芦苇属

序号	植物名	拉丁名	科名	属名
79	芦竹	*Arundo donax* L.	禾本科	芦竹属
80	蒲苇	*Cortaderia selloana* (Schult.) Aschers. et Graebn.	禾本科	蒲苇属
81	普通小麦	*Triticum aestivum* L.	禾本科	小麦属
82	象草	*Pennisetum purpureum* Schum.	禾本科	狼尾草属
83	燕麦草	*Arrhenatherum elatius* (L.) Pressl	禾本科	燕麦草属
84	野青茅	*Deyeuxia pyramidalis* (Host) Veldkamp	禾本科	野青茅属
85	银边草	*Arrhenatherum elatius* f. *variegatum*	禾本科	燕麦草属
86	银边芒	*Miscanthus sinensis* var. *variegatus* Beal	禾本科	芒属
87	结缕草	*Zoysia japonica* Steud.	禾本科	结缕草属
88	玉蜀黍	*Zea mays* L.	禾本科	玉蜀黍属
89	针茅	*Stipa capillata* L.	禾本科	针茅属
90	皱叶狗尾草	*Setaria plicata* (Lam.) T. Cooke	禾本科	狗尾草属
91	桂竹	*Phyllostachys reticulata* (Ruprecht) K. Koch	禾本科	刚竹属
92	慈竹	*Bambusa emeiensis* L. C. Chia & H. L. Fung	禾本科	簕竹属
93	鹅毛竹	*Shibataea chinensis* Nakai	禾本科	倭竹属
94	菲白竹	*Pleioblastus fortunei* (v.Houtte) Nakai	禾本科	大明竹属
95	粉单竹	*Bambusa chungii* McClure	禾本科	簕竹属
96	凤尾竹	*Bambusa multiplex* f. *fernleaf* (R. A. Young) T. P. Yi	禾本科	簕竹属
97	佛肚竹	*Bambusa ventricosa* McClure	禾本科	簕竹属
98	刚竹	*Phyllostachys sulphurea* var. *viridis* R. A. Young	禾本科	刚竹属
99	高节竹	*Phyllostachys prominens* W. Y. Xiong	禾本科	刚竹属
100	观音竹	*Bambusa multiplex* var. *riviereorum* R.Maire	禾本科	簕竹属
101	金镶玉竹	*Phyllostachys aureosulcata* 'Spectabilis' C.D.Chu.Et C.S.Chao	禾本科	刚竹属
102	苦竹	*Pleioblastus amarus* (Keng) P. C. Keng	禾本科	苦竹属
103	雷竹	*Phyllostachys violascens* 'Prevernalis' S.Y.Chen et C.Y.Yao	禾本科	刚竹属
104	水竹	*Phyllostachys heteroclada* Oliver	禾本科	刚竹属
105	麻竹	*Dendrocalamus latiflorus* Munro	禾本科	牡竹属
106	毛竹	*Phyllostachys edulis* (Carrière) J. Houz.	禾本科	刚竹属
107	青丝黄竹	*Bambusa eutuldoides* var. *viridivittata* (W. T. Lin) L. C. Chia	禾本科	簕竹属
108	人面竹	*Phyllostachys aurea* Carr. ex A. et C. Riv	禾本科	刚竹属
109	水竹	*Phyllostachys heteroclada* Oliver	禾本科	刚竹属
110	小琴丝竹	*Bambusa multiplex* f. *stripestem-fernleaf* R.A.Young T. P. Yi	禾本科	簕竹属
111	孝顺竹	*Bambusa multiplex* (Lour.) Raeuschel ex J. A. et J. H. Schult.	禾本科	簕竹属
112	紫竹	*Phyllostachys nigra* (Lodd.) Munro	禾本科	刚竹属
113	红豆杉	*Taxus wallichiana* var. *chinensis* (Pilg.) Florin	红豆杉科	红豆杉属
114	皱叶椒草	*Peperomia caperata* Yunck.	胡椒科	草胡椒属

序号	植物名	拉丁名	科名	属名
115	枫杨	*Pterocarya stenoptera* C. DC.	胡桃科	枫杨属
116	胡桃	*Juglans regia* L.	胡桃科	胡桃属
117	化香树	*Platycarya strobilacea* Sieb. et Zucc.	胡桃科	化香树属
118	绣球	*Hydrangea macrophylla* (Thunb.) Ser.	绣球花科	绣球属
119	圆锥绣球	*Hydrangea paniculata* Sieb.	绣球花科	绣球属
120	肾形草	*Heuchera micrantha* Douglas ex Lindl.	虎耳草科	矾根属
121	桤木	*Alnus cremastogyne* Burk.	桦木科	桤木属
122	大叶黄杨	*Buxus megistophylla* Lévl.	黄杨科	黄杨属
123	黄杨	*Buxus sinica* (Rehd. et Wils.) Cheng	黄杨科	黄杨属
124	雀舌黄杨	*Buxus bodinieri* Lévl.	黄杨科	黄杨属
125	野扇花	*Sarcococca ruscifolia* Stapf	黄杨科	野扇花属
126	花叶蔓长春花	*Vinca major* 'Variegata' Loud.	夹竹桃科	蔓长春花属
127	蔓长春花	*Vinca major* L.	夹竹桃科	蔓长春花属
128	络石	*Trachelospermum jasminoides* (Lindl.) Lem.	夹竹桃科	络石属
129	花叶艳山姜	*Alpinia zerumbet ‹Variegata›*	姜科	山姜属
130	姜黄	*Curcuma longa* L.	姜科	姜黄属
131	艳山姜	*Alpinia zerumbet* (Pers.) Burtt. et Smith	姜科	山姜属
132	枫香树	*Liquidambar formosana* Hance	蕈树科	枫香树属
133	红花檵木	*Loropetalum chinense* var. *rubrum* Yieh	金缕梅科	檵木属
134	金鱼藻	*Ceratophyllum demersum* L.	金鱼藻科	金鱼藻属
135	三色堇	*Viola tricolor* L.	堇菜科	堇菜属
136	木芙蓉	*Hibiscus mutabilis* L.	锦葵科	木槿属
137	瓶树	*Brachychiton rupestris* (Lindl.) K. Schum	锦葵科	酒瓶树属
138	红萼苘麻	*Abutilon megapotamicum* (Spreng.) A.St.-Hil. & Naudin	锦葵科	苘麻属
139	木槿	*Hibiscus syriacus* L.	锦葵科	木槿属
140	朱槿	*Hibiscus rosa-sinensis* L.	锦葵科	木槿属
141	蜀葵	*Alcea rosea* L.	锦葵科	蜀葵属
142	冬葵	*Malva verticillata* var. *crispa* Linnaeus	锦葵科	锦葵属
143	花葵	*Malva arborea* (L.) Webb & Berthel.	锦葵科	锦葵属
144	八宝	*Hylotelephium erythrostictum* (Miq.) H. Ohba	景天科	八宝属
145	佛甲草	*Sedum lineare* Thunb.	景天科	景天属
146	风铃草	*Campanula medium* L.	桔梗科	风铃草属
147	木茼蒿	*Argyranthemum frutescens* (L.) Sch.-Bip	菊科	木茼蒿属
148	黄金菊	*Euryops pectinatus* (L.) Cass.	菊科	黄蓉菊属
149	矢车菊	*Centaurea cyanus* L.	菊科	疆矢车菊属
150	堆心菊	*Helenium autumnale* L.	菊科	堆心菊属
151	百日菊	*Zinnia elegans* Jacq.	菊科	百日菊属
152	滨菊	*Leucanthemum vulgare* Lam.	菊科	滨菊属
153	大滨菊	*Leucanthemum maximum* (Ramood) DC.	菊科	滨菊属
154	大吴风草	*Farfugium japonicum* (L. f.) Kitam.	菊科	大吴风草属
155	瓜叶菊	*Pericallis hybrida* B. Nord.	菊科	瓜叶菊属

序号	植物名	拉丁名	科名	属名
156	黑心菊	*Rudbeckia hirta* L.	菊科	金光菊属
157	金光菊	*Rudbeckia laciniata* L.	菊科	金光菊属
158	金鸡菊	*Coreopsis basalis* (A. Dietr.) S. F. Blake	菊科	金鸡菊属
159	金盏花	*Calendula officinalis* L.	菊科	金盏花属
160	南非万寿菊	*Osteospermum ecklonis* (DC.) Norl.	菊科	骨子菊属
161	蒲公英	*Taraxacum mongolicum* Hand.-Mazz.	菊科	蒲公英属
162	秋英	*Cosmos bipinnatus* Cavanilles	菊科	秋英属
163	松果菊	*Echinacea purpurea*（Linn.）Moench	菊科	松果菊属
164	万寿菊	*Tagetes erecta* L.	菊科	万寿菊属
165	向日葵	*Helianthus annuus* L.	菊科	向日葵属
166	银叶菊	*Jacobaea maritima* (L.) Pelser & Meijden	菊科	疆千里光属
167	金苞花	*Pachystachys lutea* Nees	爵床科	金苞花属
168	艳芦莉	*Ruellia elegans*	爵床科	芦莉草属
169	网纹草	*Fittonia albivenis* (Veitch) Brummitt	爵床科	网纹草属
170	栗	*Castanea mollissima* Blume	壳斗科	栗属
171	蜡梅	*Chimonanthus praecox* (L.) Link	蜡梅科	蜡梅属
172	大花蕙兰	*Cymbidium hybrid*	兰科	兰属
173	石斛	*Dendrobium nobile* Lindl.	兰科	石斛属
174	珙桐	*Davidia involucrata* Baill.	蓝果树科	珙桐属
175	喜树	*Camptotheca acuminata* Decne.	蓝果树科	喜树属
176	蓝花丹	*Plumbago auriculata* Lam.	白花丹科	白花丹属
177	蓝雪花	*Ceratostigma plumbaginoides* Bunge	白花丹科	蓝雪花属
178	连香树	*Cercidiphyllum japonicum* Sieb. et Zucc.	连香树科	连香树属
179	楝	*Melia azedarach* L.	楝科	楝属
180	香椿	*Toona sinensis* (A. Juss.) Roem.	楝科	香椿属
181	珊瑚藤	*Antigonon leptopus* Hook. et Arn.	蓼科	珊瑚藤属
182	欧菱	*Trapa natans*	千屈菜科	菱属
183	山桃草	*Gaura lindheimeri* Engelm. et Gray	柳叶菜科	山桃草属
184	凤尾丝兰	*Yucca gloriosa* L.	天门冬科	丝兰属
185	剑叶龙血树	*Dracaena cochinchinensis* (Lour.) S. C. Chen	天门冬科	龙血树属
186	朱蕉	*Cordyline fruticosa* (Linn) A. Chevalier	天门冬科	朱蕉属
187	罗汉松	*Podocarpus macrophyllus* (Thunb.) Sweet	罗汉松科	罗汉松属
188	假连翘	*Duranta erecta* L.	马鞭草科	假连翘属
189	金叶假连翘	*Duranta erecta* 'Golden Leaves'	马鞭草科	假连翘属
190	马缨丹	*Lantana camara* L.	马鞭草科	马缨丹属
191	美女樱	*Glandularia × hybrida* (Groenland & Rümpler) G.L.Nesom & Pruski	马鞭草科	美女樱属
192	细叶美女樱	*Glandularia tenera* (Spreng.) Cabrera	马鞭草科	美女樱属
193	柳叶马鞭草	*Verbena bonariensis* L.	马鞭草科	马鞭草属
194	大花马齿苋	*Portulaca grandiflora* Hook.	马齿苋科	马齿苋属
195	灰莉	*Fagraea ceilanica* Thunb.	龙胆科	灰莉属

续表

序号	植物名	拉丁名	科名	属名
196	天竺葵	*Pelargonium hortorum* Bailey	牻牛儿苗科	天竺葵属
197	花毛茛	*Ranunculus asiaticus* L.	毛茛科	毛茛属
198	铁线莲	*Clematis florida* Thunb.	毛茛科	铁线莲属
199	粉美人蕉	*Canna glauca* L.	美人蕉科	美人蕉属
200	狗枣猕猴桃	*Actinidia kolomikta* (Maxim. et Rupr.) Maxim.	猕猴桃科	猕猴桃属
201	厚朴	*Houpoea officinalis* (Rehder & E. H. Wilson) N. H. Xia & C. Y. Wu	木兰科	厚朴属
202	玉兰	*Yulania denudata* (Desr.) D. L. Fu	木兰科	玉兰属
203	紫玉兰	*Yulania liliiflora* (Desrousseaux) D. L. Fu	木兰科	玉兰属
204	白兰	*Michelia* × *alba* DC.	木兰科	含笑属
205	鹅掌楸	*Liriodendron chinense* (Hemsl.) Sarg.	木兰科	鹅掌楸属
206	荷花木兰	*Magnolia grandiflora* L.	木兰科	北美木兰属
207	乐昌含笑	*Michelia chapensis* Dandy	木兰科	含笑属
208	深山含笑	*Michelia maudiae* Dunn	木兰科	含笑属
209	含笑花	*Michelia figo* (Lour.) Spreng.	木兰科	含笑属
210	木樨	*Osmanthus fragrans* (Thunb.) Lour.	木樨科	木樨属
211	女贞	*Ligustrum lucidum* W. T. Aiton	木樨科	女贞属
212	金叶女贞	*Ligustrum* × *vicaryi* Rehder	木樨科	女贞属
213	金钟花	*Forsythia viridissima* Lindl.	木樨科	连翘属
214	连翘	*Forsythia suspense* (Thunb.) Vahl	木樨科	连翘属
215	小蜡	*Ligustrum sinense* Lour.	木樨科	女贞属
216	小叶女贞	*Ligustrum quihoui* Carr.	木樨科	女贞属
217	迎春花	*Jasminum nudiflorum* Lindl.	木樨科	素馨属
218	地锦	*Parthenocissus tricuspidata* (Siebold & Zucc.) Planch.	葡萄科	地锦属
219	锦屏藤	*Cissus verticillata* (L.) Nicolson et C. E.Jarvis	葡萄科	白粉藤属
220	葡萄	*Vitis vinifera* L.	葡萄科	葡萄属
221	七叶树	*Aesculus chinensis* Bunge	无患子科	七叶树属
222	黄连木	*Pistacia chinensis* Bunge	漆树科	黄连木属
223	欧黄栌	*Cotinus coggygria* Scop.	漆树科	黄栌属
224	南酸枣	*Choerospondias axillaris* (Roxb.) B. L. Burtt & A. W. Hill	漆树科	南酸枣属
225	盐麸木	*Rhus chinensis* Mill.	漆树科	盐麸木属
226	红枫	*Acer palmatum* 'Atropurpureum' (Van Houtte) Schwerim	无患子科	槭属
227	鸡爪槭	*Acer palmatum* Thunb.	无患子科	槭属
228	羽毛槭	*Acer palmatum* var. *dissectum*	无患子科	槭属
229	紫薇	*Lagerstroemia indica* L.	千屈菜科	紫薇属
230	萼距花	*Cuphea hookeriana* Walp.	千屈菜科	萼距花属
231	千屈菜	*Lythrum salicaria* L.	千屈菜科	千屈菜属
232	金边六月雪	*Serissa japonica* 'Variegata'	茜草科	白马骨属
233	六月雪	*Serissa japonica* (Thunb.) Thunb. Nov. Gen.	茜草科	白马骨属
234	栀子	*Gardenia jasminoides* Ellis	茜草科	栀子属

序号	植物名	拉丁名	科名	属名
235	碧桃	*Amygdalus persica* 'Duplex'	蔷薇科	李属
236	垂丝海棠	*Malus halliana* Koehne	蔷薇科	苹果属
237	光叶石楠	*Photinia glabra* (Thunb.) Maxim.	蔷薇科	石楠属
238	海棠花	*Malus spectabilis* (Ait.) Borkh.	蔷薇科	苹果属
239	红叶碧桃	*Amygdalus persica* 'Atropurpurea'	蔷薇科	李属
240	李	*Prunus salicina* Lindl.	蔷薇科	李属
241	麻梨	*Pyrus serrulata* Rehd.	蔷薇科	梨属
242	梅	*Prunus mume* Siebold & Zucc.	蔷薇科	李属
243	枇杷	*Eriobotrya japonica* (Thunb.) Lindl.	蔷薇科	枇杷属
244	日本晚樱	*Prunus serrulata* var. *lannesiana* (Carri.) Makino	蔷薇科	李属
245	山樱桃	*Prunus serrulata* (Lindl.) G. Don ex London	蔷薇科	李属
246	桃	*Prunus persica* (L.) Batsch	蔷薇科	李属
247	西府海棠	*Malus × micromalus* Makino	蔷薇科	苹果属
248	樱桃	*Prunus pseudocerasus* Lindl.	蔷薇科	李属
249	紫叶李	*Prunus cerasifera* 'Atropurpurea'	蔷薇科	李属
250	棣棠	*Kerria japonica* (L.) DC.	蔷薇科	棣棠花属
251	粉花绣线菊	*Spiraea japonica* L. f.	蔷薇科	绣线菊属
252	粉团蔷薇	*Rosa multiflora* var. *cathayensis* Rehd.et Wils.	蔷薇科	蔷薇属
253	红叶石楠	*Photinia × fraseri* Dress	蔷薇科	石楠属
254	火棘	*Pyracantha fortuneana* (Maxim.) Li	蔷薇科	火棘属
255	玫瑰	*Rosa rugosa* Thunb.	蔷薇科	蔷薇属
256	木香花	*Rosa banksiae* Ait.	蔷薇科	蔷薇属
257	球花石楠	*Photinia glomerata* Rehd. et Wils.	蔷薇科	石楠属
258	红叶石楠	*Photinia × fraseri*	蔷薇科	石楠属
259	光叶石楠	*Photinia glabra* (Thunb.) Maxim.	蔷薇科	石楠属
260	月季花	*Rosa chinensis* Jacq.	蔷薇科	蔷薇属
261	粉花绣线菊	*Spiraea japonica* L. f.	蔷薇科	绣线菊属
262	贴梗海棠	*Chaenomeles speciosa* (Sweet) Nakai	蔷薇科	木瓜海棠属
263	草莓	*Fragaria×ananassa* (Duchesne ex Weston) Duchesne ex Rozier	蔷薇科	草莓属
264	木本曼陀罗	*Brugmansia arborea* (L.) Lagerh.	茄科	木曼陀罗属
265	花烟草	*Nicotiana alata* Link et Otto	茄科	烟草属
266	大王秋海棠	*Begonia rex* Putz.	秋海棠科	秋海棠属
267	秋海棠	*Begonia grandis* Dry.	秋海棠科	秋海棠属
268	四季秋海棠	*Begonia cucullata* Willd.	秋海棠科	秋海棠属
269	忍冬	*Lonicera japonica* Thunb.	忍冬科	忍冬属
270	日本珊瑚树	*Viburnum awabuki* K. Koch	忍冬科	荚蒾属
271	绣球荚蒾	*Viburnum macrocephalum* Fort.	忍冬科	荚蒾属
272	构	*Broussonetia papyrifera* (L.) L'Hér. ex Vent.	桑科	构属
273	榕树	*Ficus microcarpa* L. f.	桑科	榕属
274	桑	*Morus alba* L.	桑科	桑属

序号	植物名	拉丁名	科名	属名
275	黄葛树	*Ficus virens* Aiton	桑科	榕属
276	风车草	*Cyperus involucratus* Rottboll	莎草科	莎草属
277	茶梅	*Camellia sasanqua* Thunb.	山茶科	山茶属
278	山茶	*Camellia japonica* L.	山茶科	山茶属
279	银桦	*Grevillea robusta* A. Cunn. ex R. Br.	山龙眼科	银桦属
280	红花银桦	*Grevillea banksii* R. Br.	山龙眼科	银桦属
281	桃叶珊瑚	*Aucuba chinensis* Benth.	丝缨花科	桃叶珊瑚属
282	花叶青木	*Aucuba japonica* var. *variegata*	丝樱花科	桃叶珊瑚属
283	池杉	*Taxodium distichum* var. *imbricatum* (Nuttall) Croom	柏科	落羽杉属
284	落羽杉	*Taxodium distichum* (L.) Rich.	柏科	落羽杉属
285	杉木	*Cunninghamia lanceolata* (Lamb.) Hook.	柏科	杉木属
286	水杉	*Metasequoia glyptostroboides* Hu & W. C. Cheng	柏科	水杉属
287	水松	*Glyptostrobus pensilis* (Staunt. ex D. Don) K. Koch	柏科	水松属
288	肾蕨	*Nephrolepis cordifolia* (L.) C. Presl	肾蕨科	肾蕨属
289	桂竹香	*Erysimum* × *cheiri* (Linnaeus) Crantz	十字花科	糖芥属
290	紫罗兰	*Matthiola incana* (L.) R. Br.	十字花科	紫罗兰属
291	萝卜	*Raphanus sativus* L.	十字花科	萝卜属
292	紫菜薹	*Brassica campestris* var. *purpuraria* L.H.Bariley	十字花科	芸薹属
293	玛瑙石榴	*Punica granatum* 'Lagrellei ' Vanhoutte	千屈菜科	石榴属
294	石榴	*Punica granatum* L.	千屈菜科	石榴属
295	月季石榴	*Punica granatum* 'Nana' Pers.	千屈菜科	石榴属
296	百子莲	*Agapanthus africanus* Hoffmgg.	石蒜科	百子莲属
297	葱莲	*Zephyranthes candida* (Lindl.) Herb.	石蒜科	葱莲属
298	花朱顶红	*Hippeastrum vittatum* (L' Her.) Herb.	石蒜科	朱顶红属
299	韭莲	*Zephyranthes carinata* Herbert	石蒜科	葱莲属
300	水鬼蕉	*Hymenocallis littoralis* (Jacq.) Salisb.	石蒜科	水鬼蕉属
301	紫娇花	*Tulbaghia violacea* Harv.	石蒜科	紫娇花属
302	须苞石竹	*Dianthus barbatus* Linn.	石竹科	石竹属
303	羽瓣石竹	*Dianthus plumarius* L.	石竹科	石竹属
304	君迁子	*Diospyros lotus* L.	柿科	柿属
305	柿	*Diospyros kaki* Thunb.	柿科	柿属
306	枣	*Ziziphus jujuba* Mill.	鼠李科	枣属
307	莲	*Nelumbo nucifera* Gaertn.	莲科	莲属
308	萍蓬草	*Nuphar pumila* (Timm) de Candolle	睡莲科	萍蓬草属
309	睡莲	*Nymphaea tetragona* Georgi	睡莲科	睡莲属
310	雪松	*Cedrus deodara* (Roxb. ex D. Don) G. Don	松科	雪松属
311	苏铁	*Cycas revoluta* Thunb.	苏铁科	苏铁属
312	桉	*Eucalyptus robusta* Smith	桃金娘科	桉属
313	红千层	*Callistemon rigidus* R. Br.	桃金娘科	红千层属
314	蓝桉	*Eucalyptus globulus* Labill.	桃金娘科	桉属
315	柳叶桉	*Eucalyptus saligna* Smith	桃金娘科	桉属

序号	植物名	拉丁名	科名	属名
316	柠檬桉	*Eucalyptus citriodora* Hook. f.	桃金娘科	桉属
317	溪畔白千层	*Melaleuca bracteata* F. Muell.	桃金娘科	白千层属
318	金丝桃	*Hypericum monogynum* L.	金丝桃科	金丝桃属
319	龟背竹	*Monstera deliciosa* Liebm.	天南星科	龟背竹属
320	半夏	*Pinellia ternata* (Thunb.) Breit	天南星科	半夏属
321	菖蒲	*Acorus calamus* L.	天南星科	菖蒲属
322	春羽	*Philodendron selloum* K. Koch	天南星科	鹅掌芋属
323	大野芋	*Colocasia gigantea* (Blume) Hook. f.	天南星科	大野芋属
324	海芋	*Alocasia odora* (Roxburgh) K. Koch	天南星科	海芋属
325	绿萝	*Epipremnum aureum* (Linden et Andre) Bunting	天南星科	麒麟叶属
326	马蹄莲	*Zantedeschia aethiopica* (L.) Spreng	天南星科	马蹄莲属
327	芋	*Colocasia esculenta* (L.) Schott	天南星科	芋属
328	金边黄杨	*Euonymus japonicus* 'Aurea-marginatus' Hort.	卫矛科	卫矛属
329	川滇无患子	*Sapindus delavayi* (Franch.) Radlk.	无患子科	无患子属
330	栾	*Koelreuteria paniculata* Laxm.	无患子科	栾属
331	梧桐	*Firmiana simplex* (L.) W. Wight	锦葵科	梧桐属
332	八角金盘	*Fatsia japonica* (Thunb.) Decne. et Planch.	五加科	八角金盘属
333	鹅掌柴	*Schefflera heptaphylla* (L.) Frodin	五加科	鹅掌柴属
334	熊掌木	× *Fatshedera lizei* (Hort. ex Cochet) Guillaumin	五加科	五角金盘属
335	常春藤	*Hedera nepalensis* var. *sinensis* (Tobl.) Rehd.	五加科	常春藤属
336	西番莲	*Passiflora caerulea* Linnaeus	西番莲科	西番莲属
337	大叶仙茅	*Curculigo capitulata* (Lour.) O. Kuntze	仙茅科	仙茅属
338	量天尺	*Hylocereus undatus* (Haw.) Britton & Rose	仙人掌科	量天尺属
339	喜花草	*Eranthemum pulchellum* Andrews	仙人掌科	喜花草属
340	鸳鸯茉莉	*Brunfelsia brasiliensis* (Spreng.) L. B. Smith et Downs	茄科	鸳鸯茉莉属
341	菠菜	*Spinacia oleracea* L.	苋科	菠菜属
342	鸡冠花	*Celosia cristata* L.	苋科	青葙属
343	千日红	*Gomphrena globosa* L.	苋科	千日红属
344	血苋	*Iresine herbstii* Hook. f. ex Lindl.	苋科	红叶苋属
345	香蒲	*Typha orientalis* Presl	香蒲科	香蒲属
346	南天竹	*Nandina domestica* Thunb.	小檗科	南天竹属
347	十大功劳	*Mahonia fortunei* (Lindl.) Fedde	小檗科	十大功劳属
348	狐尾藻	*Myriophyllum verticillatum* L.	小二仙草科	狐尾藻属
349	白花泡桐	*Paulownia fortunei* (Seem.) Hemsl.	泡桐科	泡桐属
350	川泡桐	*Paulownia fargesii* Franch	泡桐科	泡桐属
351	钓钟柳	*Penstemon campanulatus* (Cav.) Willd.	车前科	钓钟柳属
352	金鱼草	*Antirrhinum majus* L.	车前科	金鱼草属
353	蓝猪耳	*Torenia fournieri* Linden. ex Fourn	母草科	蝴蝶草属
354	毛地黄	*Digitalis purpurea* L.	车前科	毛地黄属
355	（一、二、三）球悬铃木	*Platanus occidentalis* L.、*Platanus acerifolia* (Aiton) Willd.、*Platanus orientalis* L.	悬铃木科	悬铃木属

序号	植物名	拉丁名	科名	属名
356	蕹菜	*Ipomoea aquatica* Forsskal	旋花科	虎掌藤属
357	花叶冷水花	*Pilea cadierei* Gagnep. et Guill	荨麻科	冷水花属
358	吊竹梅	*Tradescantia zebrina* Bosse	鸭跖草科	紫露草属
359	紫露草	*Tradescantia ohiensis* Raf	鸭跖草科	紫露草属
360	垂柳	*Salix babylonica* L.	杨柳科	柳属
361	旱柳	*Salix matsudana* Koidz.	杨柳科	柳属
362	青甘杨	*Populus przewalskii* Maxim.	杨柳科	杨属
363	杨树	*Populus simonii* var. *przewalskii*	杨柳科	杨属
364	杨梅	*Myrica rubra* Siebold et Zuccarini	杨梅科	香杨梅属
365	巴西野牡丹	*Tibouchina semidecandra* (Mart. et Schrank ex DC.) Cogn.	野牡丹科	光荣树属
366	印度野牡丹	*Melastoma malabathricum* Linnaeus	野牡丹科	野牡丹属
367	银杏	*Ginkgo biloba* L.	银杏科	银杏属
368	虞美人	*Papaver rhoeas* L.	罂粟科	罂粟属
369	榉树	*Zelkova serrata* (Thunb.) Makino	榆科	榉属
370	朴树	*Celtis sinensis* Pers	大麻科	朴属
371	榆树	*Ulmus pumila* L.	榆科	榆属
372	凤眼莲	*Eichhornia crassipes* (Mart.) Solme	雨久花科	凤眼莲属
373	梭鱼草	*Pontederia cordata* L.	雨久花科	梭鱼草属
374	扁竹兰	*Iris confusa* Sealy	鸢尾科	鸢尾属
375	花菖蒲	*Iris ensata* var. *hortensis* Makino et Nemoto	鸢尾科	鸢尾属
376	黄菖蒲	*IIris pseudacorus* L.	鸢尾科	鸢尾属
377	唐菖蒲	*Gladiolus gandavensis* Van Houtte	鸢尾科	唐菖蒲属
378	西伯利亚鸢尾	*Iris sibirica* L.	鸢尾科	鸢尾属
379	雄黄兰	*Crocosmia × crocosmiiflora* (Lemoine) N.E.Br.	鸢尾科	雄黄兰属
380	鸢尾	*Iris tectorum* Maxim.	鸢尾科	鸢尾属
381	柑橘	*Citrus reticulata* Blanco	芸香科	柑橘属
382	九里香	*Murraya exotica* L. Mant.	芸香科	九里香属
383	柠檬	*Citrus × limon* (Linnaeus) Osbeck	芸香科	柑橘属
384	酸橙	*Citrus × aurantium* Linnaeus	芸香科	柑橘属
385	柚	*Citrus maxima* (Burm.) Merr.	芸香科	柑橘属
386	枳	*Citrus trifoliata* L.	芸香科	柑橘属
387	黑壳楠	*Lindera megaphylla* Hemsl.	樟科	山胡椒属
388	楠木	*Phoebe zhennan* S. Lee et F. N. Wei	樟科	楠属
389	天竺桂	*Cinnamomum japonicum* Sieb.	樟科	樟属
390	银木	*Cinnamomum septentrionale* Hand.-Mazz.	樟科	樟属
391	樟	*Cinnamomum camphora* (L.) Presl	樟科	樟属
392	紫背竹芋	*Stromanthe sanguinea* Sond	竹芋科	紫背竹芋属
393	孔雀竹芋	*Goeppertia makoyana* (É.Morren) Borchs. & S.Suárez	竹芋科	肖竹芋属
394	再力花	*Thalia dealbata* Fraser	竹芋科	水竹芋属
395	光叶子花	*Bougainvillea glabra* Choisy	紫茉莉科	叶子花属

续表

序号	植物名	拉丁名	科名	属名
396	黄花风铃木	*Handroanthus chrysanthus* (Jacq.) S.O.Grose	紫葳科	风铃木属
397	蓝花楹	*Jacaranda mimosifolia* D.Don	紫葳科	蓝花楹属
398	梓	*Catalpa ovata* G. Don	紫葳科	梓属
399	凌霄	*Campsis grandiflora* (Thunb.) Schum.	紫葳科	凌霄属
400	炮仗花	*Pyrostegia venusta* (Ker-Gawl.) Miers	紫葳科	炮仗藤属
401	刺葵	*Phoenix loureiroi* Kunth	棕榈科	海枣属
402	董棕	*Caryota obtusa* Griffith	棕榈科	鱼尾葵属
403	加拿利海枣	*Phoenix canariensis* Chabaud	棕榈科	海枣属
404	蒲葵	*Livistona chinensis* (Jacq.) R. Br.	棕榈科	蒲葵属
405	鱼尾葵	*Caryota maxima* Blume ex Martius	棕榈科	鱼尾葵属
406	棕榈	*Trachycarpus fortunei* (Hook.) H. Wendl.	棕榈科	棕榈属
407	棕竹	*Rhapis excelsa* (Thunb.) Henry ex Rehd.	棕榈科	棕竹属
408	醉鱼草	*Buddleja lindleyana* Fort.	玄参科	醉鱼草属
409	大花酢浆草	*Oxalis bowiei* Lindl.	酢浆草科	酢浆草属
410	红花酢浆草	*Oxalis corymbosa* DC.	酢浆草科	酢浆草属
411	酢浆草	*Oxalis corniculata* L.	酢浆草科	酢浆草属